口絵①　オウレン（花）
（写真：須藤 浩）

口絵②　クソニンジン（苗）
（写真：須藤 浩）

口絵③　コーヒー（果実）
（写真：須藤 浩）

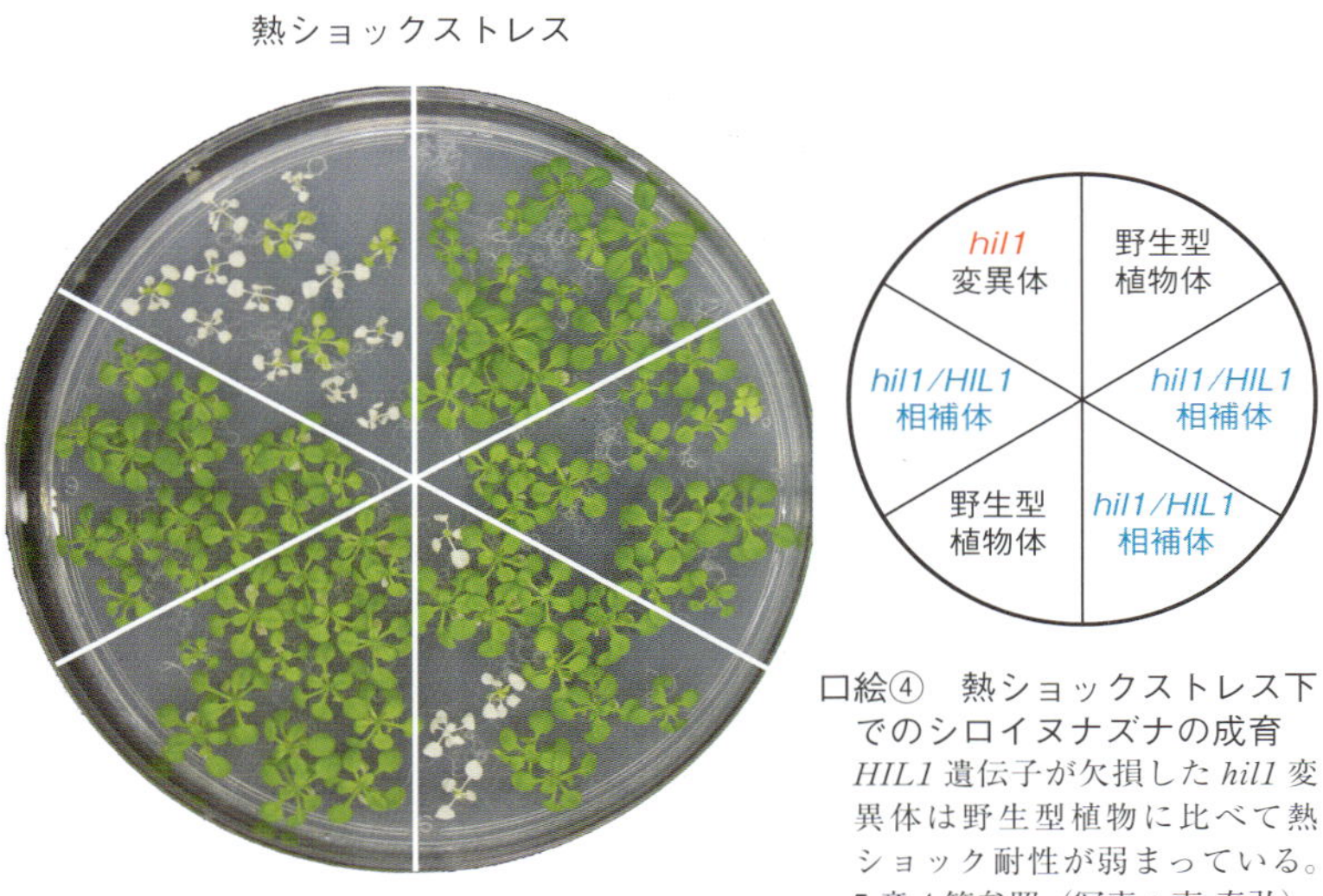

口絵④　熱ショックストレス下でのシロイヌナズナの成育
HIL1 遺伝子が欠損した *hil1* 変異体は野生型植物に比べて熱ショック耐性が弱まっている。5 章 4 節参照（写真：東 泰弘）

口絵⑤　アシュワガンダ（果実、葉）
（写真：エバ・クノッホ）

口絵⑥　ウラルカンゾウ（花）
（写真：須藤 浩）

口絵⑦　クララ（花、莢と未熟種子、葉）
（写真：筆者）

口絵⑧　チャボイナモリ（花、葉）
（写真：山崎真巳）

シリーズ・生命の神秘と不思議

植物メタボロミクス

―ゲノムから解読する植物化学成分―

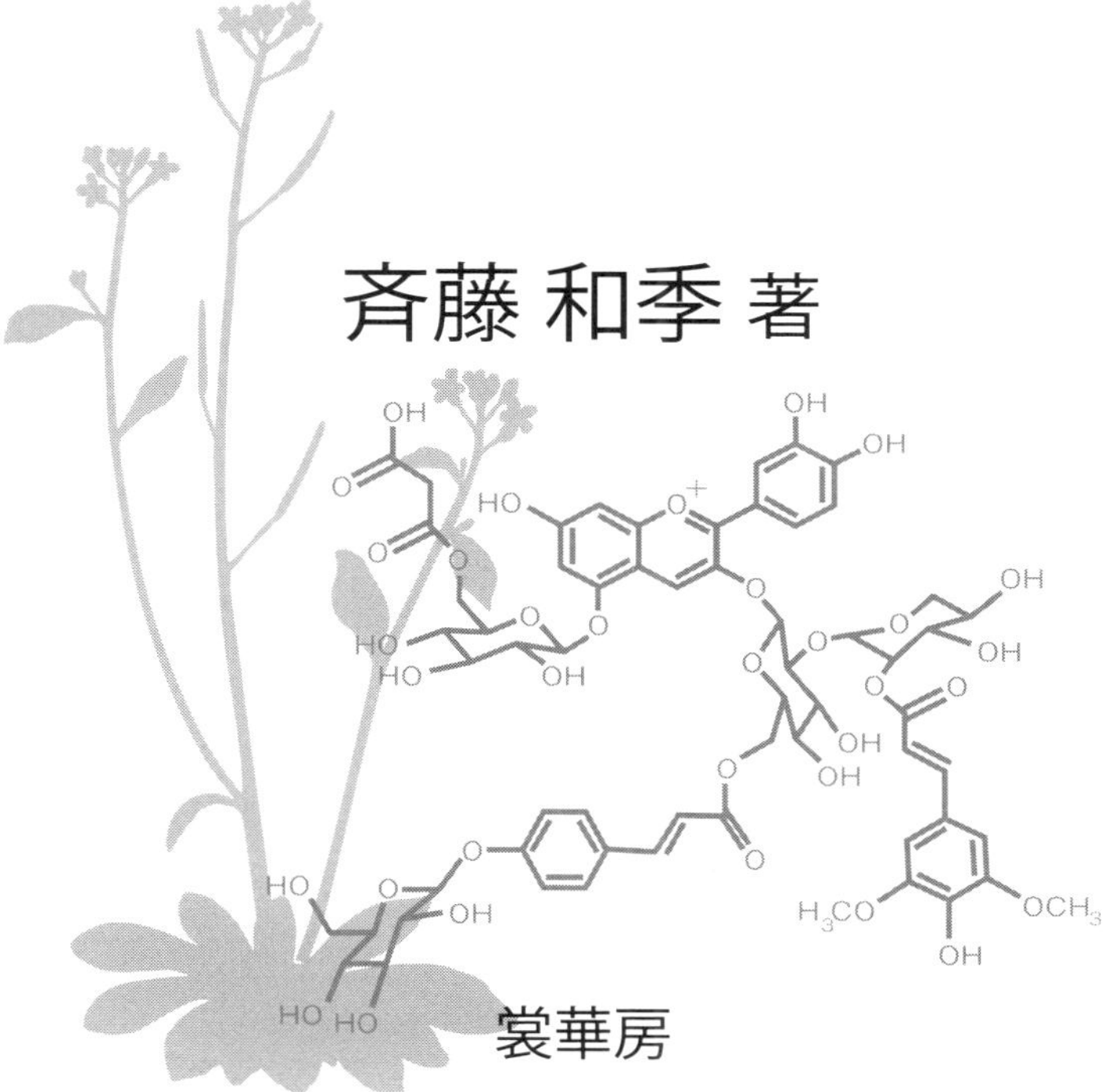

斉藤 和季 著

裳華房

まえがき

私たちの生活はどのくらい植物に支えられているでしょうか？　少し身のまわりを見渡しただけでも、毎日の食事、衣服、家具、建物、ベランダのお花や庭の生け垣などが目に入ります。もう少し注意深く見てみますと、薬や健康食品、化粧品などの多くは植物成分がその元になっています。また、電気の元になっている石油や石炭、車のガソリンやディーゼルも、太古の植物や光合成生物が太陽光を元に蓄えた化学エネルギーを、現代人がそのことを意識せずに使っているものです。このように、植物を有用なものとして使う多くの場合、植物中の広い意味での化学成分に依拠していることがわかります。

植物は、空気中の二酸化炭素と、地中からの水や無機成分を元にして、太陽エネルギーを使って、多様な化学成分を豊富に作っていますが、そのときに誰でも次のような疑問がわくはずです。一体、植物はどのくらいの化学成分（代謝産物とも呼びます）を作ることができるのだろうか？（本書では、植物成分について最終成分の化学的な視点から議論するときには「化学成分」と記載し、植物体内でそれを作る過程の視点から見た場合には「代謝産物」と記載することにします。）その数は人間が作る代謝産物の数よりも多いのだろうか？　多いとしたら、なぜ植物は多くの代謝産物を作るのだろうか？　これらの代謝産物はどのような仕組みで作られるのだろうか？

このような問いに答えるために、あるいは、答えの手がかりを見つけるために、古くから植物化学研究が発展しました。また、これらの植物化学成分を、人間の健康のために使う学問である生薬学も同時に発展しました。実際に、これらの植物化学、生薬学などの発展により、私たち人間は多くの恩恵を被ってきました。

しかし、これらの研究では、植物種ごとに植物化学成分を取り出し、化学構造を決めてリスト化し、その生物活性を記載するという、いわば博物学やナチュラル・ヒストリーの延長線上にありました。従って、先に述べた根源的な問いに対して、直接的な解答を提示することは必ずしも容易ではありませんでした。

その状況が一変したのが、２０００年頃からのゲノム時代の到来による、学問上の質的な変化でした。生物のあり方を基本的に決定している、ゲノム配列が決まることにより、必ずしも容易ではないにしても、根源的な問いに答えるための、基本的な解答の道筋が示されたのです。

ゲノム科学は、まずゲノム配列に関するゲノミクスから始まり、全遺伝子転写産物（ＲＮＡ）であるトランスクリプトームに関するトランスクリプトミクス、全タンパク質であるプロテオームに関するプロテオミクスが、ほぼゲノミクスと同時に研究され始めました。

しかし、全代謝産物であるメタボロームに関するメタボロミクスの研究は、やや遅れて始まりました。この理由は3章で議論することにします。メタボロミクス研究は、動物などの研究に比べて、植物研究において特に重要です。それは、植物の生存戦略において、植物化学成分が本質的に大きな役割を果たしてきたからです。

筆者は、20年くらい前のメタボロミクス研究の黎明《れいめい》期から、植物メタボロミクス研究に関わり、その分野を開拓してきました。本書では、その中で実際に学んだことを中心に述べることにします。想定している読者層は、理科系の大学一年生から大学院生くらいまでの学生さん、高校などの理科の先生、理科系に関連する職業に就いている一般の方々などです。読者の皆様に、植物が有する多様な化学成分に少しでも親しんで頂き、植物の進化の歴史に刻まれた、代謝産物を作る能力に思いを馳せて頂ければ、筆者として望外の幸せです。

２０１９年 11月

斉藤和季

目次

1章　植物メタボローム（代謝産物、化学成分）の多様性

２０００年頃からのゲノム時代の到来によって、生物の基本的な設計図であるゲノム配列が解明され始めると、まずゲノム配列に関するゲノミクス研究が始まりました。３章で詳しく述べることにしますが、「ゲノミクス」とほぼ同時に、全遺伝子転写産物である「トランスクリプトーム」に関する「トランスクリプトミクス」、全タンパク質である「プロテオーム」に関する「プロテオミクス」が研究され始めました（表１・１）。それらにやや遅れて、全代謝産物である「メタボローム」に関する「メタボロミクス」の研究が始まりました。

細胞の全遺伝情報はゲノムに格納されていますが、その情報はトランスクリプトームを経て、プロテオームおよびメタボロームとして実行されます。従って、プロテオームおよびメタボロームが、細胞の状態である表現型を、最も直接的に表しています。特に、植物では蓄積する代謝産物の総体が、細胞状態のスナップショット描写や、植物の有効利用価値として重要ですので、メタボロミクスが特に重要な研究分野であると言えます。

表１·１　オミクス科学の概要

生命情報の階層	各階層の全要素の名称	各階層の網羅的研究の名称
DNA	ゲノム （全 DNA 配列情報）	ゲノミクス
RNA	トランスクリプトーム （全転写産物）	トランスクリプトミクス
タンパク質	プロテオーム （全タンパク質）	プロテオミクス
代謝産物	メタボローム （全代謝産物）	メタボロミクス

1　メタボロームを構成する全代謝産物数を推定する二つの方法

全代謝産物（メタボローム）に関する研究が「メタボロミクス」ですが、まず、いったい生物に含まれる全代謝産物は何種類あるのか?を解明しないといけません。これは、しばしばメタボロームの化学的空間の大きさの推定、という言い方もされます。この問いに答えるためには、主に二つの方向からのアプローチがあります。

メタボロームの化学的空間を推定するための経験的なアプローチ

最初のアプローチは、対象となる生物に含まれる化学成分をできるだけ多く単離して、その化学構造を決定することです。それらの単離した化学成分の構造や物性などを、論文などの研究報告として発表することにより、後世の人たちが、その対象となる生物に含まれる化学成分を、リスト化することができます。

このやり方の優れた点は、ゲノムや代謝経路の情報が無くても、対象となる生物の代謝産物を知ることができることです。また、実際に化学成分を単離するため、標品を実化合物として手にすることができますので、例えば、他の生物から同じ化学成分が得られた場合などは、確実に同定が可能です。また、化学成分の構造や物性データが文献に記載されただけでも、それらは同定のためには非常に強力な情報です。

実際に私たちの研究グループでも、「シロイヌナズナ（*Arabidopsis thaliana*）」（アブラナ科シロイヌナズナ属の一年生植物）というモデル植物を大量に栽培して、植物体を20キログラム以上集めて、そこからシロイヌナズナに含まれる化学成分をできるだけ多く単離し、37化合物の化学構造を決定しました［1］。同じように、イネ（*Oryza sativa*）からは、36化合物を単離して化学構造を決定しました［2］。これらのうち、文献に記載の無かった新規の化学成分は数個程度でしたが、約70個の市販していない化学成分を標品として手に入れることができて、その後のメタボロミクス研究に大いに役立ちました。

このように、この実験的なアプローチは、大きな労力がかかる割には効率が悪く、必ずしも現代的ではありませんが、単離した化学構造が確実な標品を得られるという点で、メタボロミクスの研究基盤として非常に重要です。特に、植物のように、種ごとに異なる二次（特異的）代謝産物を生産、蓄積する生物のメタボロミクス研究では、非常に重要なアプローチです。

メタボロームの化学的空間を推定するための情報学的なアプローチ

別のアプローチは、対象生物のゲノム配列から全遺伝子がコードしているタンパク質を予測し、さらにそれらの予想タンパク質から全酵素反応を予測して、次いで、代謝経路と代謝産物を予測するゲノムワイドな（ゲノム全域にわたる）情報学的な手法です。この手法は、2000年以降、いくつかの代表的な生物のゲノム配列が決定されてから、初めて可能になったアプローチです。ヒトの全ゲノム配列の解析が終了した2003年の翌年2004年には、決定されたヒトゲノム配列に基づいて、コンピューターが予測した代謝経路が発表されました。それによると、ヒトは661個の代謝産物について、相互変換する896個の生体反応があり、それを触媒する2709個の酵素があることが予測されました[3]。

この方法は、対象生物のゲノム配列が決まっていれば、情報学的に可能なアプローチです。また、全ゲノム配列が決まっていなくても、全転写産物（RNA）に関するトランスクリプトームデータがあれば、予想タンパク質から酵素反応を予測できるので、代謝経路と代謝産物を大方予測することが可能です。

2　メタボロームを構成する全代謝産物に関するデータベース

このように、経験的・実験的なアプローチと情報学的なアプローチを組み合わせて、メタボロームを構成する全代謝産物や、その代謝経路を調べ上げ、データベース化する試みが盛んになりました。表1・2にこれらの中で代表的なデータベースを示します。このようなデータベースは、

表 1·2　メタボロームを構成する代謝産物に関する代表的なデータベース

名称およびウェブサイト	代謝産物エントリー数	備考
KNApSAcK http://kanaya.naist.jp/KNApSAcK/	51,179	文献データを元に作成した、植物代謝産物に特化した、オープンデータベース
PlantCyc https://www.plantcyc.org/	4,544	350 種の植物種について、ゲノム関連データを元にしてすべての代謝経路などを収録
PMN Single-species/taxon Databases https://www.plantcyc.org/	～ 2,820	個別の約 100 種の植物ごとに、ゲノム関連データを元にして代謝経路などを収録
MetaCyc https://metacyc.org/	14,003	2941 種の生物について、ゲノム関連データを元にしてすべての代謝経路などを収録
KEGG https://www.kegg.jp/kegg/	18,378	ゲノム関連科学に基づいた、酵素、代謝産物、代謝経路などの生物分子データベース
HMDB http://www.hmdb.ca/	114,100	ヒトに見られる全化学成分のデータベース。内因性の代謝産物だけでなく、外来性の薬物、毒物、食品に由来する代謝産物も含む
Dictionary of Natural Products http://dnp.chemnetbase.com/	259,859	天然物に関する網羅的な商業データベース。植物、動物、微生物など広範囲の文献データを元にして収載

メタボロミクス研究の基礎として重要です。

これを見ますと、ゲノム関連データから予測した代謝経路に基づく代謝産物数は、数千から2万弱ですが、過去に発表された文献データから植物の化学成分を拾い上げると、数万から10万を超える数になります。この数の違いは主に二つの理由によると考えられます。

第一には、一つの酵素タンパク質が複数の基質に反応し、複数の生成物を与えることが多いからです。ゲノム配列から一つの酵素を予測し、その代表的な基質と生成物を予測しても、実際の生体反応では複数の基質を用いて、多くの生成物を与えることがあります。従って、ゲノム情報からの予測よりも、生体内には多くの化学成分が存在することになります。

二つ目の理由は、生体内の反応は必ずしもすべてが、酵素によって触媒されるわけではなく、酵素によらず自発的に起こる反応もあるためです。このように自発的な反応の生成物は、ゲノム配列から予測することはできませんので、結果的に実験的に得られた化学成分の数が、ゲノムから予想される数よりも多くなります。

3　物質代謝における植物とヒトの違い

2章でも述べますが、生物を物質代謝に関する様式から分類しますと、大きく二つに分類できます。実はそれが、メタボロームの多様性と役割に関する見方や考え方の違いにも深く関係します。

まず、植物のように、無機化合物（あるいは最も酸化された状態の炭素原子からなる分子）である二酸化炭素だけを炭素源として、光などをエネルギー源として成育する生物を、独立栄養生物と呼びます。一方、ヒトを含めた動物のように、成育に必要な有機化合物（還元された炭素原子を含む分子）を生体外から取り込む生物を、従属栄養生物と呼びます。

2章で詳しく述べますが、地球上の全生物における炭素化合物と、それに付随するエネルギーの循環と流れを大まかに概観すると、植物などの独立栄養生物が太陽光エネルギーを使って大気中の二酸化炭素を固定、還元して（光合成）、有機化合物（糖、脂質、アミノ酸などの代謝産物）を生成し、それらをヒトを含む動物など従属栄養生物が摂取して、再び炭素原子を酸化し大気中に二酸化炭素として放出していることになります。この過程をエネルギーの流れから見ると、太陽からの光エネルギーが、植物によって生成した代謝産物に内包される化学エネルギーに変換、蓄積され、動物などがそれらを酸化的に代謝する過程で、再びエネルギーを取り出して、生命活動に用いているのです。

4　植物メタボロームを構成する代謝産物数の推定

このように植物は、大気中の二酸化炭素と水、土から吸収した窒素塩、リン酸塩、硫酸塩などを用いて、植物自身の生存に必須な代謝産物をすべて生産します。その結果、それらの最終代謝産物のみならず、その生産のための代謝中間体を多かれ少なかれ蓄積しますので、植物メタボロームを構成する全代謝産物の種類としては非常に多くなることが想像できます。また、次章以降で詳細は説明しますが、植物はこのような一次代謝産物に加え、個々の植物種などに特異的な二次代謝産物（特異的代謝産物、特化代謝産物）も生産するので、さらにその数は増します。

それでは、植物メタボロームを構成する代謝産物の数は、実際にどのくらいと見積もられているのでしょうか？　シロイヌナズナのゲノム情報などから作成した、シロイヌナズナ１種の代謝経路データベースのAraCyc（表１・２のＰＭＮの一部）では２８２０個、それを３５０種の植物種に拡張したPlantCycでは４５４４個です。

しかし、実際に単離し、構造決定された植物成分はもっと多くて、15年くらい前は論文報告された成分だけでも５万個と言われていました。それらの過去の文献報告数を元にして、全植物種に含まれる全植物成分数を外挿により推定すると、20万個くらいだろうと言われ、その数が長く信じられてきました。また、『天然化合物事典』（Dictionary of Natural Products）には、植物、動物、微生物など天然に由来する既知化合物が約26万個収載されていますが、そのうち約半数強が植物に由来すると考えると、やはり植物成分の数は13万個から20万個弱になります。

しかし、奈良先端科学技術大学院大学教授の金谷重彦博士らは、統計学的な考察も取り入れて、もう少し正確な数を予測しました[4]。金谷博士らは、過去の文献資料を徹底的に渉猟して、約5万1000個の植物成分に関するデータベースであるKNApSAcKを作成しました。このデータベースを基にして統計学的な解析を行い、1植物種あたりにユニークな化学成分は、平均して4.7個であると推定しました。一方、地球上の植物種（種子植物あるいは顕花植物という、花が咲いて種子をつける植物）の総数についても様々な議論がありますが、最も少なく見積もっても22万種というのがコンセンサスのようです。そうしますと、地球上の植物種全体に含まれる植物成分の総数は、4.7個×22万種＝約100万個ということになります。この数値が、おそらく現在最も信頼できる全植物成分数の推計値と考えられます。

5 ヒトのメタボロームを構成する代謝産物数

すでに述べたように、ヒトゲノムが解明された直後に、ゲノム配列から661個のヒト代謝産物が予測されました。これは、ゲノム配列から酵素タンパク質を予測し、それに基づいた代謝経路の推定によるものですので、先に述べた二つの理由により、実際の化学成分の数はゲノムからの予測数よりも増えます。しかし、ヒトの場合には、さらに状況を複雑にする別の要因があります。

植物の場合は、独立栄養ですので、すべての代謝産物は二酸化炭素と水、無機物を出発物質として自ら生産したものです。したがって、基本的にゲノムにコードされている全遺伝子情報は、潜在的に代謝産物情報をも含んでいると考えられます。しかし、ヒトの場合は従属栄養ですので、二酸化炭素からの有機化合物の合成経路はありません。ヒトでは、生体外から取り込んだ糖、脂質、アミノ酸などを異化代謝（次章で説明）する分解的な代謝経路が主ですので、自ら作ることのできる代謝産物の数は植物より少なくなります。また、植物のように二次代謝経路は存在せず、一次代謝経路だけですので、それらも考慮すると、ヒトの代謝産物数は植物に遠く及びません。ヒトや大腸菌など、従属栄養生物で二次代謝経路をもたない生物の基本的な全代謝産物数は、実験的なデータも考え合わせると5千個くらいと考えられます。

ところが、ヒトの場合は、生体外から食品成分や医薬品、ときには毒性成分などとして様々な有機化合物を取り込んで代謝しますので、これらの外来成分（外来異物）の数に伴って代謝産物数は増えることになります。実際にヒトメタボロームデータベース（The Human Metabolome Database：ＨＭＤＢ）には、ヒトが基本的に有する内因性の一次代謝産物に加えて、外来性の食品成分、医薬品、毒性成分とその代謝産物などを合わせて、約11万個の代謝産物が登録されています。従属栄養生物において、このような外来成分に由来する代謝産物を、ゲノム配列から予想することは困難です。

2章　なぜ植物メタボロームは多様なのか？
そこに秘められた植物の生存戦略

1章では、植物のメタボロームは100万種の代謝産物から構成され、ヒトなど動物のそれを凌駕《りょうが》する、大きな化学的多様性を有することを理解して頂けたかと思います。この2章では、なぜ植物は多様な代謝産物を作るのかについて考えることにしましょう。そこには、進化の過程で〝動かない〟という選択をしたことに所以《ゆえん》する、植物のしたたかな生存戦略があったのです。

1 植物がとった〝動かない〟という選択とそのための生存戦略

なぜ植物は多様な代謝産物を作るのか、についての話を進める前に、地球や植物の歴史と、進化における植物の生存戦略を概観しておきましょう。

地球は今から46億年前に誕生したと考えられます。この地球誕生から現在までを1年365日に換算してみます。地球誕生の1月1日から始まり、原始生命の誕生が39億年前と推定されますので、これは2月25日に相当します。その後、27億年前（5月31日）には、酸素発生を伴う光合成を行う光合成細菌シアノバクテリアが繁栄を始め、大気中に酸素が増えてきます。真核生物の登場は22億年前（7月10日）、多細胞生物の登場は12億年前（9月27日）です。4億～5億年前（11月27日頃）には植物が陸上に上がり始めます。最初の人類（ホモ・ハビリス）が誕生したのは240万年前（12月31日午後7時26分）で、私たち現生人類（ホモ・サピエンス）が登場するのは20万年前ですので、12月31日午後11時37分に対応します。このように、陸上植物には、私たち現生人類の約２０００倍も長い生命の歴史があり、長い進化の審判に耐えて生き延びてきました。

動くことができる私たち動物とは異なり、植物は土に根を生やして移動しない、という基本的な生き方を選択しました。そのためには、当然、動くことができる動物とは異なった生存戦略が植物には必要だったのです。

2　生命がもつべき属性

それでは、動かないという選択をした植物がとった生存戦略とは何か、を議論する前に、動植物を問わず広く生命がもつべき属性とは何か、を整理しておきましょう。ここで、生命の属性とは、生命体に共通して備わっている性質や特徴のことで、生命の定義ともつながるものです。生命がもつべき属性（あるいは生命の定義）といっても、その議論は必ずしも簡単ではありません。しかし、一般的な理解としては、

① 自らの生存と成長のために物質代謝、エネルギー代謝ができること
② 自己を複製して次世代に受け継ぐこと

が挙げられます。

この二つの属性を有し、生命として成り立つために、「動かない」という選択をした植物は、動物などとは異なる独自の生存戦略を発達させました。それが結果的に、植物が多様な化学成分を作ることにつながり、それらを私たち人間が利用しているのです。

植物が多様な化学成分を作るという視点から見ると、植物は生命がもつべき属性を満たすために、三つの生存戦略を発達させました。その三つとは、同化代謝戦略、化学防御戦略、繁殖戦略です。

3 一次代謝と二次代謝（特異的代謝）

生物が有する物質代謝には、その共通性や目的などから大きく分けて、一次代謝と二次代謝の2種類があります。それぞれの経路を、一次代謝経路および二次代謝経路と称し、その経路に含まれる化合物を、一次代謝産物および二次代謝産物と呼びます。二次代謝は後で述べる理由によって、最近では特異的代謝（または特異代謝、特化代謝）（Specialized Metabolism）とも呼ばれます。

一次代謝経路は、どの生物種にもほぼ共通して存在し、「生きるために最低限必要な」代謝産物を作ったり、代謝変換する経路です。一方、二次代謝経路は、ある生物種やその類縁生物種にだけ存在して、いわば「よりよく生きるための」代謝産物を生産する経路です。

植物は、光合成を行うという意味で一次代謝も特徴的ですが、非常に多様な二次代謝産物を作るという点にも大きな特徴があります。そして、この二次代謝経路が、植物メタボロームの化学的多様性を豊富にする主たる根源です。

4　最低限生きるための一次代謝：同化代謝と異化代謝

生物がもつべき属性の一つとして、自らの生存と成長のために、物質代謝やエネルギー代謝ができることが必要です。つまり、生物は様々な化合物を作ったり、分解したりしながら、細胞の生存や成長、生殖に必要な生体分子を作るための原料となる分子を供給しています。そして、それらの変換反応の過程でエネルギーを取り出して、細胞活動のために供給することが必要です。

このように、エネルギーをやり取りしながら、生命の活動に必要なものを生体内で合成したり分解したりすることが代謝であり、どの生物種にもほぼ共通して存在する代謝が一次代謝です。

細胞内でエネルギーのやり取りを行い、生体エネルギー通貨ともいえるＡＴＰ（アデノシン三リン酸）や、生体高分子の前駆体となる単糖、アミノ酸、脂肪酸、ヌクレオチドなどは、どの生物にも共通しています。従って、これらが関わる一次代謝経路や一次代謝産物が、どの生物種に

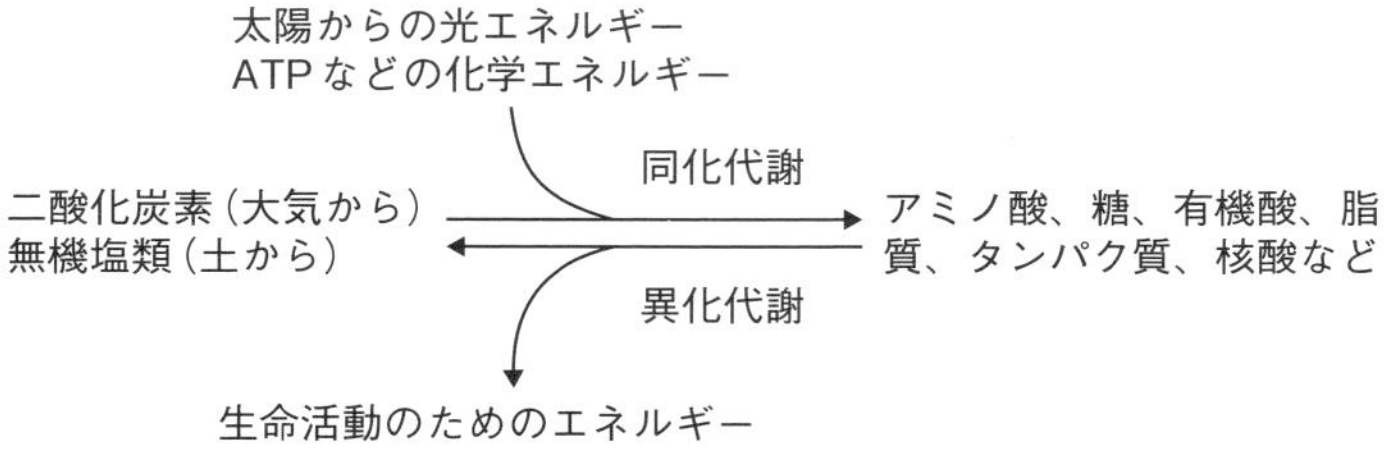

図2·1　同化代謝と異化代謝

も共通していることはよく理解できます。

この一次代謝は、エネルギーと代謝産物の流れから、図2・1のように同化代謝と異化代謝に分けることができます。

土に根を張って動かないという選択をした植物は、自らの生存のために、大気中の二酸化炭素と、土壌から根によって吸い上げた単純な無機塩類（窒素塩、硫酸塩、リン酸塩など）や水を原料として、太陽からの光エネルギーを使って、糖、アミノ酸、脂質などの有機化合物を作る機能を発達させました。また、エネルギー源としてはＡＴＰなどの化学エネルギーを使う場合もあります。このように、エネルギーを投下して、無機物のように単純な化合物から、複雑な有機化合物（あるいは、内包する化学エネルギーに富んだ化合物）を合成することが「同化代謝」です。

同化代謝を行うにはエネルギーを与えることが必要ですが、太陽からの光エネルギーを使って、二酸化炭素を炭素源として糖を作る同化代謝が「光合成」です。これは動物などにはない、動かない植物だけがもっている生きるための戦略です。

一方、ヒトなどの動物は、細胞の構成成分やエネルギーの元になる有機化合物を、食物から取っています。そして摂取した食物に含まれる有機化合物を代謝変換（消化や変換、分解）して、単純な化合物（あるいは、内包する化学エネルギーがより少ない化合物）に戻し、その変換の過程で生じたエネルギーを取り出して利用します。これが「異化代謝」です。この異化代謝は前述の同化代謝とは逆方向の反応です。これは動物の、自ら動いて食物を獲得することができる、という性質から可能になったことです。

太陽エネルギーを使う光合成は、植物や光合成細菌などの光合成生物だけが有する代謝ですが、その他の同化代謝や異化代謝は、動植物を問わずどの生物も有している一次代謝です。しかし、光合成を含めた同化代謝と異化代謝を相殺した正味の代謝バランスは植物と動物で異なり、植物では同化代謝が優っていますが、動物では異化代謝が優位です。

つまり、地球上の動植物の代謝バランスを考えたときは、植物による光合成を含めた同化代謝が、動物での物質代謝・エネルギー代謝と、結果的に地球上の生命活動を支えているのです。別の見方をすると、植物は動かないという選択をした中で、自らの生存戦略として自立的な同化代謝機能を発達させましたが、結果的にこれは植物自身だけでなく、私たち人間を含む動物の生存も支えているのです。実は、これには温室効果ガスである二酸化炭素の排出による地球温暖化問題と、その解決の糸口も大きく関係しています（コラム1参照）。

コラム1　地球における炭素エネルギーの循環と化石資源

現代の大きな問題である地球温暖化は、人口増加によって増えた人間活動に伴う、石油や石炭などの燃焼の結果生じた、二酸化炭素の排出によるものです。植物などの光合成を行う生物は、太陽エネルギーを使って、人間の活動によって排出された二酸化炭素（最も酸化された状態の炭素）を吸収・還元・固定して、炭素化合物からなる食料や医薬品・バイオ工業資源に変換しています（図2・2）。これらの炭素化合物を、再び二酸化炭素に酸化する過程で生じたエネルギーを用いて、私たち人間の活動が支えられています。しかし、化石燃料の燃焼による二酸化炭素の排出量が多すぎて、そのすべてを吸収・固定することができず、大気中の二酸化炭素レベルが上昇して地球温暖化をもたらしています。

実は、エネルギーや化学工業の原料として、現代の私たちの生活を支えている石油や石炭は、2千万年から3億年前の太古の時代に生きていた植物や光合成生物の遺骸が変化した化石資源です。それを、炭素エネルギーの循環という視点から考えると、当時の植物などが太古の時代に降りそそいだ太陽エネルギーを使って、光合成によって二酸化炭素を還元・固定して、石油や石炭などの中に炭素化合物として、内包する化学エネルギーと共に蓄えておいたものです。それを、現代の私たちは燃焼して（酸化して）、その過程で生じたエネルギーを生活に利用しているのです。つまり、現代の私たちは、太古の時代に降りそそいだ太陽エネルギーを、当時の植物などが上手に蓄えてくれたエネルギーと資源を一方的に浪費し、それによって、二酸化炭素の増加と温暖化という、生存

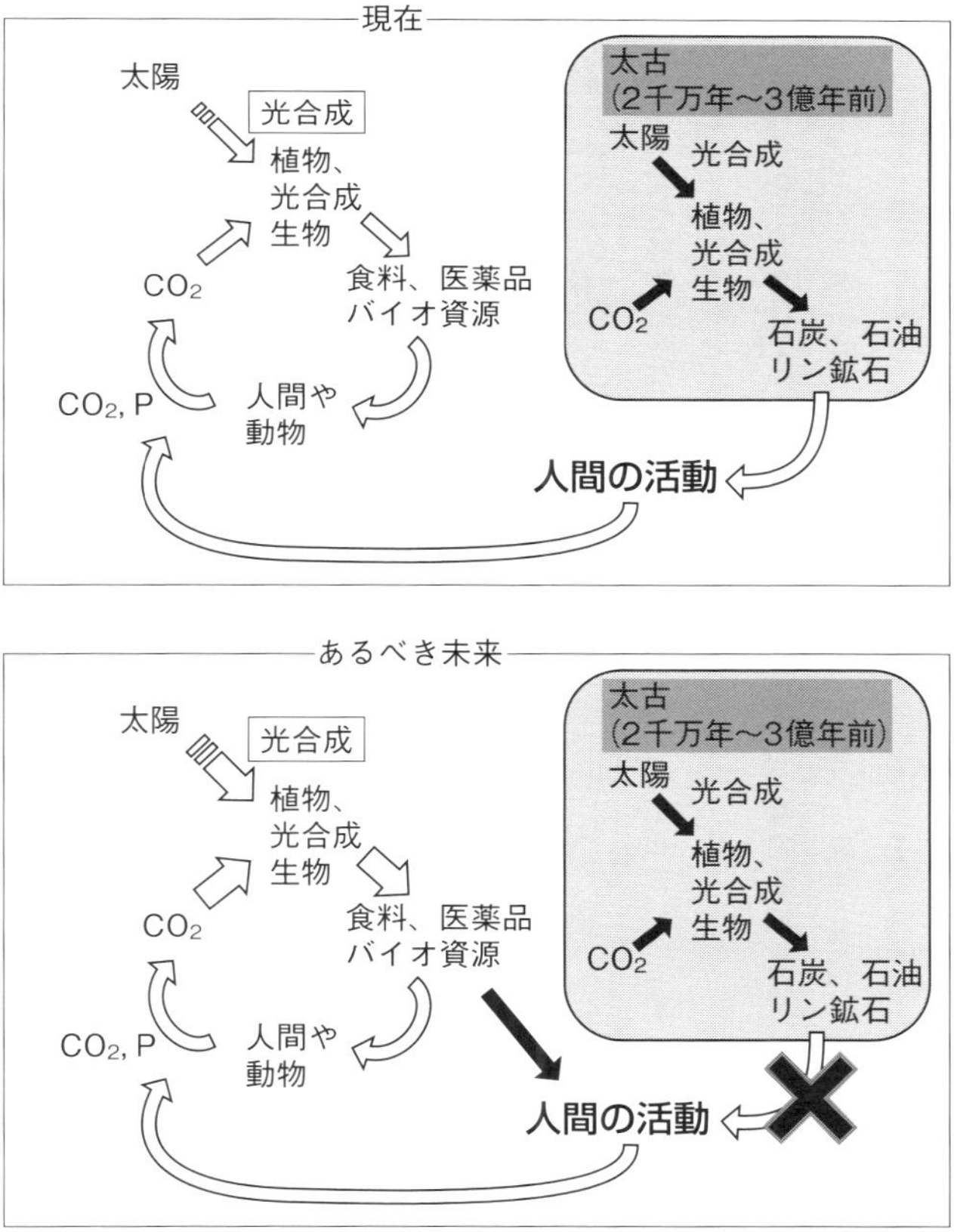

図2·2　地球における、現在とあるべき未来の炭素循環

に関わる重大な危機を自らもたらしているのです（図2・2の上）。このようにみると、現代人は、先祖が蓄えておいてくれた大切な遺産を食い潰すだけでなく、遺産を食い潰した挙げ句に出た排出物に埋もれ、瀕死の状態にいるとんでもない放蕩息子かその末裔のようです。

また、肥料として農業を支えているリン鉱石も、太古の生物に含まれていた大量の含リン代謝産物が鉱物化したものです。この太古の生命が遺してくれたリン鉱石も、現代人は一方的に浪費しており、２０３０年～40年をピークに世界のリン鉱石生産は減少に転じ、世界の農業生産に大きな打撃となると予想されています［5］。

それでは、この問題を解決するにはどうしたら良いのでしょうか？　あるべき未来は、まず、石油や石炭の燃焼による二酸化炭素の排出を止めることです（図2・2の下）。そのためには、化石資源の浪費は、地球の炭素循環が可能な範囲までの最小限に抑えなければなりません。しかし、現在、化石燃料に依存している人間活動を止めることはできませんから、化石燃料に代わって、現存の植物などの光合成や物質生産機能を今よりも増強して利用することが必須です。その結果、炭素化合物とそれに伴うエネルギーは、完全に循環型に移行し、二酸化炭素の排出と吸収はその収支がゼロに抑えられ、地球温暖化に歯止めがかかると同時に、人間の生存を支える活動はその循環のなかで行われます。そのためには、バイオテクノロジー、理学、農学、薬学、工学などの自然科学に限らず、社会科学に至るまで、多方面から植物の機能を最大化するための科学技術の進展が不可欠です。

地球人口が恒常的に増加している中で、あるべき未来の持続可能な発展に向けて、炭素の循環型社会に移行するためには、私たち人類の英知の結果が必要です。しかし、この植物などの炭素同化機能（光合成や同化代謝、物質生産機能）の最大化は、間違いなく植物科学とその関連科学が貢献すべき最重要な課題です。

5　よりよく生きるための二次（特異的）代謝

一次代謝経路が、動植物など様々な生物に共通に存在する経路であるのに対して、二次代謝経路は、植物（やある種のカビ、細菌類）に特異的に存在する経路です。この二次代謝経路に関わる化合物は、二次代謝産物と呼ばれます。植物の二次代謝産物は、アルカロイド、フェニルプロパノイド、フラボノイド、タンニン、テルペノイドなどが代表的で、いずれも構造や生物活性が多様なので、医薬品などの元になることが多い化合物群です[6]。

この二次代謝産物は、一次代謝産物とは異なり、基本的な細胞活動に必須ではありません。それぞれの二次代謝経路は、限られた生物種にだけ特異的に存在するので、この経路がない生物もいますし、二次代謝経路がなくなっても、直ちに生命活動に支障をきたすわけではありません。

このように、ある生物種に特異的に存在し、特異的な化学構造を有する代謝産物なので、最近では「特異的代謝（特異代謝、特化代謝）産物（Specialized Metabolites）」とも呼ばれるようになってきました。

従って、二次代謝産物の意義が現在のように明確ではなかった時代には、二次代謝経路は、一次代謝経路からあふれ出た代謝産物を蓄えておくための経路であり、生物にとってはそれほど重要ではないと考えられていました。筆者が１９７０年代に大学で受けた講義では、担当教授が、黒板に花瓶のような入れ物に液体を注いであふれ出る図を書いて、二次代謝を説明された記憶が今でもあります。

こうした理由と歴史的な経緯もあり、生物の生存にとって一次的に重要な経路ということで「一次代謝経路」、一次代謝から派生し必ずしも生存に必須ではないという意味で「二次代謝経路」というように呼ばれていました。

しかし、現在は二次代謝に対して、そのような重要度が低く副次的なものという見方は見直されています。二次代謝経路は、植物が「よりよく生きるため」に長い進化の過程で発達させた重要な機能なのです。その一つが、次に述べる化学的な防御戦略です。動かないという選択をした植物は、生存を脅かす様々なストレスに襲われても、動物のように逃げ出すわけにはいかないので、独自の化学的な防御戦略を発達させました。

6　化学防御戦略：化学成分による外敵に対する防御

植物を食べようとする動物や昆虫などの捕食者、病気をもたらす病原菌、成長を競合する他の植物など、様々な外敵生物に由来するストレス（生物学的ストレス）を受けたときに、逃げ出して避けることができる動物とは違い、動かない植物は逃げ出すわけにはいきません。

このように、捕食者から食べられないようにするために、病気の原因となる微生物から身を守るために、または競合する植物に打ち勝つために、植物はどのような戦略をとったのでしょうか？

このような外敵に対抗するために、植物は化学成分による防御戦略を発達させました。

7　捕食者から身を守る毒性成分

動物や昆虫などの捕食者から食べられないように、植物は捕食者に対して辛い味や苦い味、渋い味、あるいは神経を麻痺させるなどの有毒な化学成分を作るように進化しました。私たち人間でも、普段の生活の中で、独特の辛味や苦味、渋みのある野菜や果実を食べることがありますが、そのときのことを思い出してください。もし、植物の葉や茎、果実や種が、辛かったり、苦かったり、渋かったりすれば、捕食者の動物も一度はかじってみても、そのいやな記憶が残り、次からはその植物を口にしたくはないでしょう。

また、食べてから少し時間がたって、神経麻痺や意識障害、下痢、腹痛、心臓障害などの有毒な薬理作用を引き起こす毒性成分が含まれていれば、その作用を覚えていて、やはり二度と口にはしないでしょう。例えば、身近な植物成分であるタバコのニコチン、コーヒーやお茶のカフェイン、わさびや西洋わさびに含まれるグルコシノレート、などは、私たちも日常的に実感できる特異的な薬理作用を有し、捕食者に対する防御的な役割を担っています。

このようにして、捕食者に対して有毒な成分を作る植物は、それらを作らない植物に比べて生き残るチャンスが増え、より多くの子孫を残せることになります。

8 タバコに含まれる猛毒のニコチン

例えば、ニコチンはナス科タバコ属の植物が生産する化合物ですが、猛毒で「毒物及び劇物取締法」によって規制されており、実は毒薬として有名な青酸カリなどよりも強い毒性をもっています。

ニコチンは、中枢神経および末梢神経にあるニコチン性アセチルコリン受容体と結合して神経に作用します。この神経を刺激する作用により、一時的にスッキリして気持ちが良くなるので、古くから人間社会に喫煙の習慣が広まりました。

しかし、同時にニコチンは血圧上昇、悪心、めまい、嘔吐などの毒性作用を発揮します。ニコチンは、これらの神経毒作用によって、植物体内では昆虫、動物などの捕食者に対する強力な防御物質として働いています。ニコチンは、タバコの根で作られて、葉に運ばれてそこに蓄えられます。昆虫や動物がタバコの葉をかじると、同時に毒性の強いニコチンも摂取することになり、かじった捕食者にはニコチンの神経毒による障害が起こります。

また、捕食者にかじられた葉からは、ジャスモン酸メチルという植物体内で働く信号物質が発生します。するとこの信号物質によって、根にあるニコチンの生合成に関係する遺伝子の発現が活性化されます。つまり、捕食者にかじられたことによって、その捕食者を二度と寄せ付けないばかりでなく、防御信号を鳴らしてニコチンを増産し、次に来る捕食者からの攻撃に対する防御力を高めることになるのです。

9　病原菌に対抗する植物成分

動物や昆虫などの捕食者に対抗するだけでなく、病原菌に対してもその増殖を抑える、いわゆる抗菌性のある二次代謝産物を作り、病原菌にも打ち勝つように進化した植物もいます。抗菌作用のある代謝産物を作る植物は、他の植物よりも抵抗性が増すことになり、結果的により多く生き残って子孫を残す可能性が高くなります。

例えば、ベルベリンという黄色い色をしたアルカロイドは、キハダというミカン科植物の樹皮を乾燥させた黄柏《おうばく》という生薬《しょうやく》（コラム２参照）や、オウレン（口絵①）というキンポウゲ科植物の根茎を乾燥した黄連《おうれん》という生薬の主要成分です。このベルベリンは、病原菌のリボ核酸合成やタンパク質合成を阻害することにより、強い抗菌作用を示し、病原菌の感染から植物自身を守っていると考えられます。この抗菌作用を利用し、ベルベリンとそれを含む生薬は、下痢を止める整腸薬として用いられています。

コラム2　生　薬

生薬とは、動植物の薬用とする部分、細胞内容物、分泌物、抽出物または鉱物をそのままで、または簡単な加工、調製をして用いる薬です。実際は多くが植物由来ですので、〝生（キ）〟と〝木薬〟をかけて「キグスリ」と呼ぶこともあります。このように精製せずに用いるので英語ではCrude drugすなわち「粗な薬」と呼ばれます。また、Natural medicine（天然医薬）もほぼ同義で使われます。医薬品の規格基準書である「日本薬局方」には約三百種の生薬類が記載されていますが、実際に世界中の国々では、もっと多くの生薬が使われています。

それぞれの生薬には、それぞれ特異的な化学成分が含まれています。例えば、ある植物のメタボロミクス研究を行うと、どの植物でも少なくとも数百個の植物成分が検出できます。これらの多くの化学成分の中に、その薬効を担う成分があるはずだという仮説に基づいて、近代的な手法によって、その中から薬効を代表する単一の活性成分を単離できる場合が多くあります。

その最初の例が、1804年頃の、ドイツの薬剤師ゼルチュルナーによる生薬アヘンからのモルヒネの単離でした。また、2015年ノーベル生理学・医学賞に輝いた中国の屠呦呦（Tú Yōuyōu）博士による、クソニンジン（口絵②）からの抗マラリア薬であるアルテミシニンの発見は最近の成果です。

一方、これらの化学成分が複数組み合わさって、はじめて元の生薬の薬効を示すと考える立場もあります。つまり、伝承に基づいて抽出した粗なままでの使い方です。漢方薬の伝統的な使い方はまさにこの考え方に基づいており、数種類の生薬を組み合わせた漢方処方を、それぞれの患者の体質や病態に応じて用います。1種類の植物エキスでも数百の成分が含まれており、それが複数組み合わされて、非常に多くの成分からなる薬であると理解できます。

10　他の植物の成長を抑えるアレロケミカル

さらに、植物は光合成に必要な日光や、土中の無機栄養塩など、成長に必要な資源を得るために、競合する他の植物にも勝たなければなりません。その結果、他の植物の成長を抑える化学成分も生産するようになりました。このように、他の競合植物の成長を阻害するような成分を作ることによって、自らの成長と子孫を残すうえで優位になるのです。

このような、植物が特異的成分を放出して他の植物の成長を抑えたり、微生物や昆虫、動物から身を守ったり、あるいは引き寄せたりすることを「アレロパシー（他感作用）」といいます。また、このようにアレロパシーを引き起こす特異的成分のことを「アレロケミカル」と呼びます。

アレロケミカルの例としては、コーヒーやお茶に含まれるカフェインが挙げられます。コーヒー豆（口絵③）が、親の木から地面に落ちて芽生えをするときに、大量のカフェインを周りの土中に放出します。すると、この放出されたカフェインによって、他の競合植物の芽生えが阻害されます。その結果、コーヒーの芽生えは他の植物より有利に成長することができます。

カフェインには、よく知られているように覚醒作用など中枢神経を興奮させる作用があり、大量に摂取するとヒトでも死に至る毒性を有しています。このように植物のもつカフェインは、捕食者に対する守りにも、競合する他の植物に対する攻めにも役立っているというわけです。

11　非生物学的ストレスに対抗する植物成分

植物の成長を妨げる要因として、これまでに述べたような、捕食者、病原菌などの生物に由来するストレス（生物学的ストレス）の他に、生物に由来しない非生物学的ストレスも重要です。この非生物学的ストレスに対しても、植物は化学的な戦略でストレスを緩和しています。

非生物学的ストレスの主なものは、乾燥、塩害（高い塩濃度、浸透圧変化）、温度変化（高温および低温）、強すぎる光や紫外線などです。これらは植物の成育環境に由来しますので、環境ストレスとも言われます。このような一次的ストレスが引き金になって発生する活性酸素種による、酸化ストレスなどの二次的ストレスもあります。また、土壌から吸収される無機栄養（窒素、リン、カリウム、硫黄などの必須元素）が不足する栄養飢餓も、環境に由来する非生物学的ストレスの一つです。

特に、昨今の地球温暖化に伴い、高温や乾燥、塩害が大きな問題になっています。乾燥と高温によって、１９６４年から２００７年の間に約10％の作物が減収したという報告があります［7］。さらにこの報告では、このまま温暖化が進めば２０５０年までにさらに11％の作物減収と20％の価格上昇がもたらされると試算されています［7］。

動かない植物は、これらの非生物学的ストレスに見舞われても、その場から逃げ出すわけにはいかないので、これに対抗してストレスを緩和する化学戦略を発達させました。

12 化学成分で環境ストレスも緩和

乾燥や高塩濃度の環境では、植物は浸透圧調節物質を生産して、浸透圧変化（急激な塩濃度の変化）を緩和しています。この浸透圧調節物質としては、ベタイン、プロリン、分枝アミノ酸などのアミノ酸関連物質の他、トレハロース、マンニトールなどの糖類などが知られています。環境の塩濃度が高まると、浸透圧の働きで、細胞内の水分が外に流れ出してしまいます。しかし、これらの浸透圧調節物質は、細胞外の塩濃度が変化しても細胞容積を保持し、タンパク質の構造や機能を安定化する作用があります。

また、紫外線ストレスとそれによって生成する活性酸素種などの酸化ストレスを緩和する成分として、いわゆるポリフェノール類が有効に働きます。フラボノイド（アントシアニン、フラボノール、カテキンなど）、スチルベン類（レスベラトロール）、フェニルプロパノイド（シナピン酸誘導体）などが代表的な植物由来のポリフェノール類です。

実際に、フラボノイドを多く蓄積するように遺伝子操作されたシロイヌナズナ（植物科学研究のモデル植物）は、活性酸素種を除去する能力が増強されて、酸化や乾燥などの環境ストレスを緩和することが実験的に証明されています（5章）[8]。実は、活性酸素種は植物だけでなく私たち人間の健康をも害することが知られていますが、植物ポリフェノールは私たちの体内でも活性酸素の除去に役立っています（コラム3参照）。

コラム3　ポリフェノール

ポリフェノールとはその言葉が示すとおり、分子中に多くのフェノール基を有する化合物です。ポリフェノールは、本文中に挙げたフラボノイドなどに代表されるように、植物が生産する化学成分に多く含まれています。ポリフェノールにはその複数個のフェノール基の作用により、活性酸素種を不活化する抗酸化作用があります。この抗酸化作用が植物体内において、環境ストレスなどに対して、それを緩和するように働いています。

活性酸素種は植物だけでなく、私たち人間の健康をも害することが知られています。つまり、活性酸素種のために細胞の老化が進んだり、DNAが傷つけられ細胞が癌《がん》化したりします。抗酸化作用はポリフェノールに限らず、ビタミンC（アスコルビン酸）やビタミンE（α-トコフェロール）、カロテノイドなどにもあります。

これらの抗酸化物質は、薬や食品として摂取することよって有害な活性酸素種を除去するため、植物自身を活性酸素の毒性から保護するだけでなく、人間の健康を維持するのにも役だっていると考えられます。

このように、動かないという生存戦略を選択した植物は、様々な環境ストレスに対抗するために植物成分を作り出しました。そして、ポリフェノールに代表されるこれらの植物成分は、同時に人間の健康にも役立っているのです。

13 栄養飢餓ストレスにも植物代謝産物が役立つ

植物にとっては必須の栄養塩類である窒素塩やリン酸塩、硫酸塩などが不足する栄養飢餓ストレスに備えて、窒素やリン、硫黄を多く含む代謝産物を作り、蓄えておくという戦略も見られます。すでに述べた外敵に対する防御物質としてのグルコシノレート（ワサビなどに含まれる辛味成分）やアルカロイドは、実は防御物質としてだけでなく、栄養不足に備えて、硫黄や窒素という必須元素を蓄える機能も持っていると考えられています。グルコシノレートは分子中に硫黄を含み、アルカロイドは窒素を含んでいます。

例えば、植物は硫黄栄養が不足すると、グルコシノレートを分解して、蓄えておいた硫黄栄養を自らの生命の維持に使う働きがあります。また、植物はリンを多く含む脂質（リン脂質）を蓄えていますが、リン欠乏時にはこのリン脂質を分解して不足するリンを補います。

14　化学成分によらないストレス防御

これまで説明した植物化学成分によるストレス防御に加えて、葉の向きや形を変えるなどの機械的、形態的な方法によっても植物はストレスを回避します。

例えば、ネムノキのような一部のマメ科植物は、夜になると葉を閉じて水分の蒸散を抑えます。また、サボテンは乾燥を防ぐために葉の面積を最小限にした棘のような葉をつけます。根の形を変えて表面積を大きくして、根からの栄養吸収を良くすることも行います。さらに、どの植物も気孔の開閉を厳密に制御して、葉から水分が過剰に蒸散しないようにしています。光や紫外線の強さに応じて葉の向きを変えたり、光の強さに応じて細胞の中での葉緑体の位置を動かすこともできます。

このように、植物は器官、細胞、細胞小器官の形や動きを変えて、できるだけストレスを回避する仕組みを発達させています。

15　多様な二次代謝産物を作る植物が繁栄した進化的説明

すでに述べたように、二次代謝産物は、一次代謝産物とは異なり、基本的な細胞活動に必須ではなく、二次代謝産物がなくなっても直ちに生命活動に支障をきたすわけではありません。それでは、なぜ植物はこれらの二次代謝産物を生産するように進化したのでしょう。それも、限られた生物種にだけ特異的に存在し、多様な構造を有する二次代謝産物を作るようになったのでしょうか?

これについては、ネオダーウィニズムの考え方に基づくと以下のように説明されます。

植物の進化の過程において、ランダムな突然変異によって、偶然に特異的な活性のある二次代謝産物を作れるようになった個体が、二次代謝産物の機能によって、生物学的あるいは非生物学的ストレスに打ち勝つことができ、その環境において他の個体よりもより多く生き残ることが可能になった。そのため、この突然変異体の個体がより多くの子孫を残すことに成功し、結果的にその植物は集団内に広がっていったと考えられます。このように、自らの生存に有利で多くの子孫を残せたため、植物は特異的な化学防御物質を作るように進化したのです。合目的的な言い方をなるべく避けていえば、ランダムな突然変異によって、偶然に、他の植物は作らない、特異的な化学防御物質を作る遺伝形質を獲得した個体が、そのときの環境における自然選択によって、結果的に長い時間をかけて集団の中に広がったと考えられます。

3章　ゲノム解読がもたらした新しい地平

2章では、なぜ植物メタボロームは多様なのかについて、そこに秘められた化学成分による植物の生存戦略について見てみました。3章では、その多様な代謝産物を生産するメカニズムを解明するために、過去20年間に発展したゲノム科学によるアプローチについて説明します。

1 オミクス研究とは？

どのような生命でも化学物質からできているので、究極的には生命機械論を否定することはできません。物質代謝はもちろんのこと、たとえ精神や思考、感情であっても、それらもいつかは機械論として説明できるはずです。このような生命機械論の立場を取れば、それでは何が究極的に生命という機械の設計図であり、動作原理を規定しているのか？　この究極的な機械としての生命の設計図がゲノムであるといえます。

ゲノム（genome）は遺伝子（gene）と総体（ome）という言葉を合わせてできた言葉で、ある生物の全DNA上の全遺伝情報のことです。この核酸DNA上の遺伝情報はアデニン（A）、グアニン（G）、チミン（T）、シトシン（C）という4個の塩基の配列で書き込まれて（コードされて）います。従って、このゲノムを「解読」するという作業は、まず、このゲノムの全塩基配列を決定することから始まります。

しかし、全塩基配列決定だけでは解読したことにはならず、その塩基配列が意味するところを解明しないといけません。つまり、全配列のなかで、それぞれの遺伝子を規定している区切られた配列部分を決め、次にそれらの遺伝子の機能を決定して初めてゲノム解読ということができます。

2　ゲノム配列決定がもたらしたもの

ゲノム配列を決定して、その機能を決めるという、いわば生命の根源を理解する研究が現実化したのは、実はそんなに古い時代ではなく、最近20年くらいの出来事です。もちろん、ゲノムサイズの極めて小さなウイルス（例えば、約５千塩基からなるφX１７４というバクテリオファージ）のゲノム配列が決められたのは、今から40年以上前の１９７７年のことですが、植物や動物などの真核生物のゲノム配列決定は、２０００年のシロイヌナズナでの全ゲノム配列決定、２００３年のヒトゲノム配列の決定まで待たなければなりませんでした。

このゲノム配列決定によってもたらされた一番大きな恩恵は、それまでの、いくつあるのかわからない、いわば無限個の要素（遺伝子、タンパク質、代謝産物など）を扱う研究に比べて、ゲノム配列から推定されるこれらの要素の数が有限個に限定されたことです。これは、いわば奥の見えない暗闇から、必ずしも明瞭ではないが、ぼやっとながら奥行きの見える場所に来たようなものです。このように、一生物の遺伝子などの数を有限個に限定できることによって、数理的な取扱いが可能になり、生物学の研究者層が、従来型の生物学者からバイオインフォマティクス研究者に広がりました。

3 シロイヌナズナのゲノム研究

高等植物のゲノム研究は、アブラナ科シロイヌナズナ属の一年生植物で、モデル植物であるシロイヌナズナ（*Arabidopsis thaliana*）で最初に行われました。２０００年12月に発表されたシロイヌナズナゲノムの総塩基数は1.3億個で、遺伝子の総数は約２万６千個であるとされました。しかし、ゲノム配列が発表された頃には、このうち約半分の遺伝子はその配列から機能が推定されただけであり、実験的に機能が証明された遺伝子は11％に過ぎませんでした。

従って、これらの機能未知遺伝子の機能を同定する研究が、ゲノム機能科学として重要になり、世界中の多くの研究者がこの研究レースに参入しました。例えば、米国の全米科学財団（National Science Foundation）は、２０１０年までにシロイヌナズナのすべての遺伝子の機能を決定することを目標とした「２０１０プロジェクト」を２００１年度に立ち上げ、２００９年度まで継続しました。

4　メタボロームの化学的多様性の根源としてのゲノム

前の章で述べた、植物が有する大きな化学的多様性の根源は、そのゲノムに秘められています。シロイヌナズナのゲノム配列が決定されたことにより、明らかになった2万6千個の遺伝子を、その予想されるタンパク質機能によって分類してみると、二次代謝に関係しうる主な遺伝子の概数は、表3・1に示したようになります。

例えば、シトクロムＰ４５０は代謝産物の基本骨格に酸素を添加する反応を触媒し、この反応は植物成分に大きな化学的多様性を与える原因の一つです。このシトクロムＰ４５０遺伝子は、シロイヌナズナでは２５６個あり、イネでは３５６個がアノテーション（注釈付け、情報付けによる仮同定）されています[9]。これは全ゲノム遺伝子の約１％にあたりますが、動物や昆虫（ヒトやマウス、ショウジョウバエ、線虫、ホヤなど）では約50～１００個で、全ゲノム遺伝子の0.1～0.5％にすぎません[9]。このことからも、植物の化学的多様性の根源が、ゲノム遺伝子の多様性にあることが理解できます。

このように、二次代謝に関係しうる主な遺伝子を有限個に限定できたので、次にこれらのゲノ

表 3·1　シロイヌナズナゲノムに存在する二次代謝に関係しうる主な遺伝子数

タンパク質	ファミリー数	遺伝子数	文献
テルペン合成酵素		30	[10]
オキシドスクワレン環化酵素		13	[10]
BAHD アシル転移酵素		64	[10]
セリンカルボキシペプチダーゼ様 アシル転移酵素		53	[10]
SABATH メチル転移酵素		24	[10]
グリコシル転移酵素（ファミリー 1）		107	[10]
グリコシル転移酵素	28	361	[11]
アルデヒド脱水素酵素	9	14	[11]
シトクロム P450	69	256	[11]
グルタチオン *S*- 転移酵素	7	53	[11]
ABC スーパーファミリータンパク質	8	136	[11]
AP2-EREBP 転写因子	1	138	[11]
bHLH 転写因子	1	161	[11]
MYB 転写因子	1	131	[11]

ム遺伝子と代謝産物を一対一に対応できれば、特定の代謝産物の生産遺伝子機能を同定できることになります。さらに、当該遺伝子が欠損して、特定の代謝産物を生産できない変異体植物の表現型を調べることによって、その代謝産物の新しい生物学的な機能も解明できます。

5 オミクス（オーム科学）の要素

ゲノミクスから派生したいわゆる「オミクス（オーム科学）」には、全転写産物（RNA）に関する「トランスクリプトミクス」、全タンパク質に関する「プロテオミクス」、全代謝産物に関する「メタボロミクス」があります（表1・1）。これらの生命体を構成する各階層の全要素について、網羅的に研究することによって、生命体の振る舞いを正確に記述し、さらに理解することができるのです。

また、ゲノムの要素である未知遺伝子の変異や遺伝子発現（RNA）を、特定の代謝産物の構造変化や蓄積変動と紐付けることによって、未知遺伝子の機能をかなり高い確度で推定することができます。特に、植物の代謝研究では、代謝産物に関するメタボロミクスと、ゲノムからの直接の下流情報であるトランスクリプトミクスが重要な情報を与えます。

6 オミクスの統合によるゲノム機能科学の方法論

図3・1には複数のオミクスを駆使したゲノム機能科学の方法論を示しました[12]。

まず、ゲノム情報が得られている変異体や複数系統など異なる遺伝型個体、それらの異なる

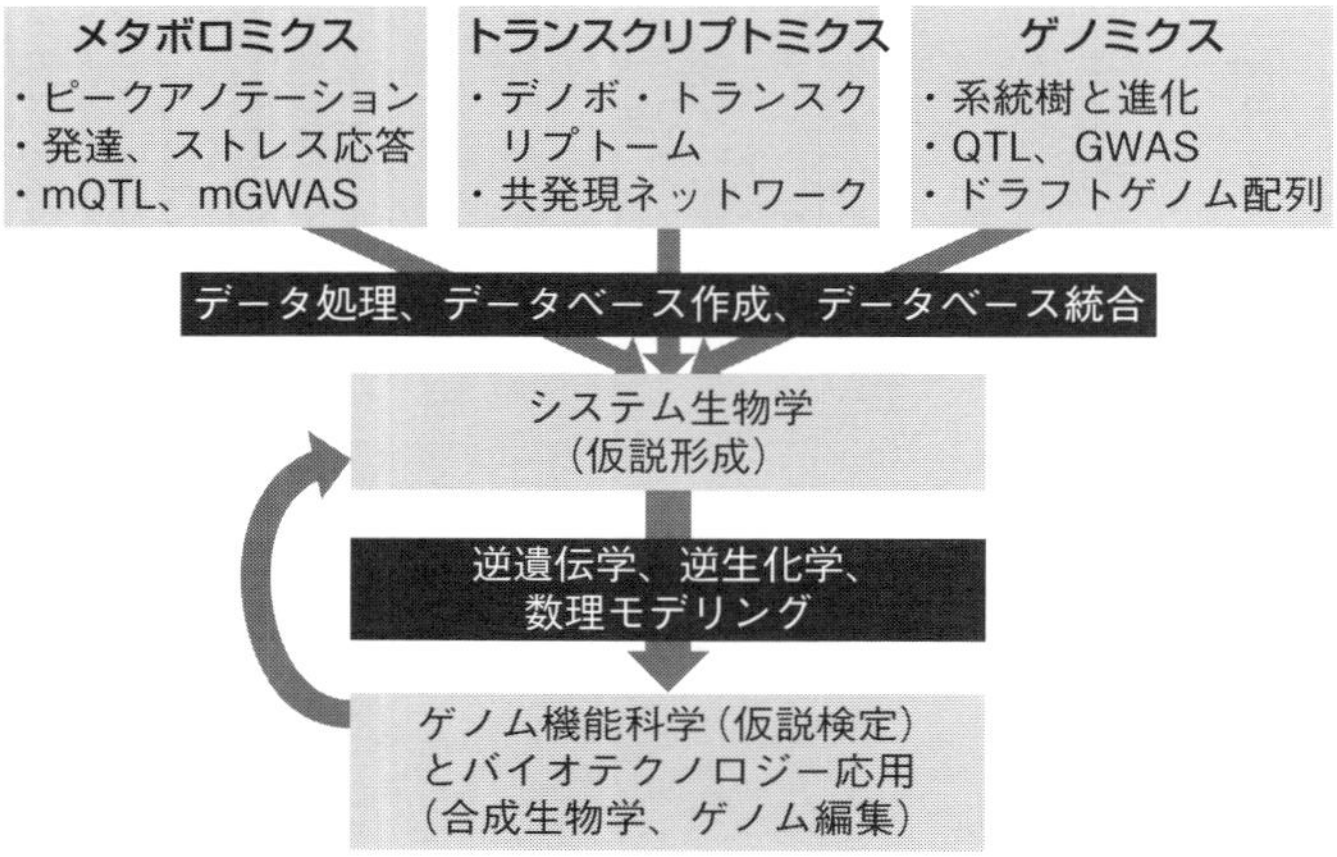

図3·1　ゲノム機能科学とデータ駆動型システム生物学

組織や細胞、各種ストレス下での植物組織サンプルについて、トランスクリプトームやメタボローム解析を行って、オミクスデータを取得します。

次に、これらの生データに対して、統計的な解析ができるようにデータ処理を行い、必要ならば異なるオミクスデータの統合を行います。生物学的な解釈のためには、トランスクリプトームやメタボロームの構成要素である発現遺伝子や代謝産物のアノテーションが必要ですが、そのための遺伝子配列や機能のデータベース、代謝産物や代謝経路のデータベースを用意しておく必要があります。

次に、これらのオミクス解析から、遺伝子や代謝産物の機能や、それらの相関関係、因果関係などについての仮説を立てます。この仮説をもとに、逆遺伝学や逆生化学（コラム4参照）あるいは数理モデリングやシミュレーションに基づく実験によって、仮説を検定します。もし、実験結果が仮説と整合しなければ、仮説を改訂して、実験結果と矛盾しない強力な仮説を提示します。仮説が正しければ（あるいは十分に強ければ）、それに基づいて遺伝子や代謝産物を直ちにバイオテクノロジーに応用できます。

このように、新たに同定した遺伝子を用いて、有用代謝産物を合成生物学的に作ることや、同定遺伝子をゲノム編集で破壊や改変することによって、代謝経路のスイッチングや有用な形質の付与などが可能です。

コラム4　ゲノム配列決定がもたらした新しい研究手法である逆遺伝学、逆生化学

モデル実験生物のゲノム配列決定がもたらした研究方法論上の大きな変革の一つは、いわゆる逆遺伝学的手法が使えるようになったことです（図3・2）。

従来の遺伝学は、生物のある表現形質に注目して、それを決めている物質的実体である遺伝子を決定するという方向でした。しかし、ゲノム配列が決定されると、少なくとも物質的実体としての全遺伝子（その多くは機能が未知ですが）は目の前にあります。そこで、それらの機能未知遺伝子を破壊したり、過剰発現させることによって変化する表現形質を調べることにより、元の遺伝子の

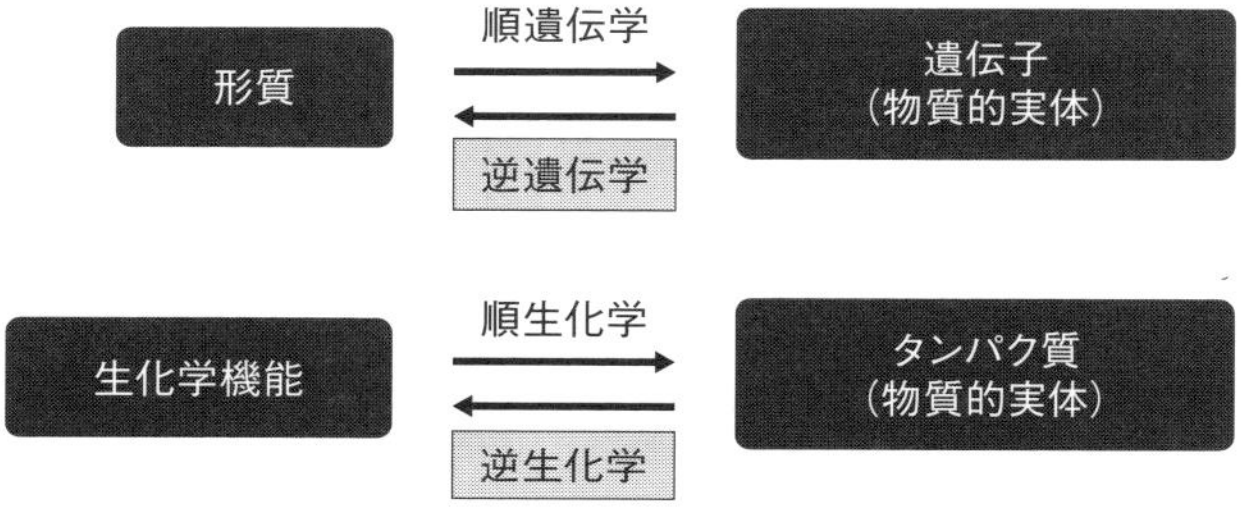

図3·2　順遺伝学・生化学と逆遺伝学・生化学

機能を決めることができます。これは、従来の遺伝学（順遺伝学）と研究の方向性が逆なので「逆遺伝学」と呼ばれます。

同じように、ある生化学機能から出発して、それを担う物質的実体であるタンパク質を追求する従来の（順）生化学に対して、ゲノム配列から作成できる機能未知のタンパク質実体から出発して、その生化学的機能を解明する「逆生化学」も可能になりました。

このような、逆遺伝学、逆生化学的な研究手法を可能にしたのは、ゲノム配列が決定できたことにより、ほぼすべての遺伝子についてノックアウト変異体を揃えたり、ほぼすべてのタンパク質を作製するために必要な完全長ｃＤＮＡを揃えることができたからです。

特に、最初にゲノム配列が決められた実験植物のシロイヌナズナは、ゲノムサイズが小さい、一世代が短い（約2か月）、室内で栽培できる、多数の種子がとれる、形質転換が容易である、などの生物学的な利点がありました。加えて、作物のように商業的価値がないという、基礎研究としての有利さもあり、国際的な研究連携によって、公共的研究リソース（挿入変異体パネル、完全長cDNA、各種データベース）がよく揃えられました。このように、シロイヌナズナでは逆遺伝学、逆生化学的な研究がしやすい環境がよく整備され、この15～20年くらいの間に多くの遺伝子やタンパク質の機能がこれらの手法で同定されました。

この手法は、シロイヌナズナに限らず、ゲノム配列が決定された生物では基本的に可能です。目的の植物について、ゲノム上の任意の遺伝子のノックアウト体や発現抑制変異体を作製する手法の確立が必要ですが、従来の外来遺伝子挿入による変異やRNAレベルでの発現抑制などに加えて、今後CRISPR-Cas9などによるゲノム編集技術（7章2節参照）の進展によって、これらはさらに容易になると思われます。実際に、イネなどの主要作物や多様な薬用植物でも、逆遺伝学的な手法によって新しい遺伝子の機能が決定されています。

また、図3・1に示したデータ駆動型の研究手法に対して、生物学的な仮説をまず設定し、それに基づいて期待される変異体をスクリーニングによって単離して解析する、仮説駆動型の研究手法もしばしば採られます。この場合は最初の変異体単離は順遺伝学で行う場合が多いのですが、ある程度遺伝子が絞られてきたら、逆遺伝学や逆生化学的な手法が威力を発揮します。

４章　植物メタボロームを解読する

3章では、ゲノミクスから展開されるオミクスと、それらを統合することによる、ゲノム遺伝子や代謝産物の機能を同定するゲノム機能科学研究を概観しました。この章では、メタボロミクスを駆使して植物メタボロームを解読する一般論について説明します[13][14]。

1 メタボロミクスを構成する三要素

メタボロミクス研究は次の三要素から構成されています。

① 代謝産物の網羅的な機器分析（定性と定量）
② 機器分析によって得られた分析データの情報学的解析
③ 他のオミクス（ゲノミクス、トランスクリプトミクスなど）との統合解析

次に、これらの要素について順番に見ていきましょう。

2 他のオミクスとは異なるメタボロミクス研究の困難さ

メタボロミクスでは、その構成要素である個別の代謝産物の化学構造と、それらの存在量を網羅的に明らかにする必要があります。これを実現する技術的なハードルは、他のオミクスに比べ

て圧倒的に高いことをまず指摘しなければなりません[15]。

つまり、ゲノミクスでは、4個のデジット（ATGC）で構成される核酸塩基の配列を決定すれば良いことになります。トランスクリプトミクスでは、4個の核酸塩基（AUGC）の配列決定に加えて、それらが一定数連なった単位であるRNA分子の相対的な存在量を決めることになります。プロテオミクスでは、20個のアミノ酸からなる配列を決め、それらが一定数連なった単位であるタンパク質分子の相対的な存在量を決めることになります。従って、これらの3個のオミクスでは、その構成要素は化学的には基本構造の繰り返しですので、DNAシークエンサー、DNAチップ、プロテインシークエンサーなどの、自動化・高速化された解析技術が比較的容易に開発可能でした。

しかし、メタボロミクスでは事情が異なります。代謝産物の化学構造は、核酸やタンパク質のように、決まった単位の繰り返し構造ではできていないので、その化学構造の同定は、自動化が困難で複雑な解析が必要です。

また、代謝産物は核酸やタンパク質と異なり、多様な化学的性質を有するので、その一つ一つを分離するためにも、単一の分離技術では対応できません。さらに、代謝産物の存在量のダイナミックレンジは非常に大きく、例えば、エネルギー源として蓄えられる糖類のように非常に濃度の高い成分から、植物ホルモンのように超微量成分まで同時に扱わないといけません。

また、ゲノム配列が決定された生物であれば、そのトランスクリプトームやプロテオームは、ゲノム配列からある程度直接的にそれらの配列が推定できますが、メタボロームはゲノム配列から直接的に推定することは困難です。従って、ゲノム駆動のメタボローム研究といっても、まずトランスクリプトームやプロテオームから想定される代謝マップを構築し、そこに実際の代謝産物の解析データを投影していくことになります。

一方、メタボロミクスが他のオミクスに比べて有利な点は、同一の代謝産物は生物種が異なっても、成分分離や同定の過程で全く同じように振る舞うことです。従って、標準品もしくは、ある生物で一度成分同定の条件を決めてしまえば、その条件や情報は他の生物の解析に直ちに利用可能です。これは、同一機能を有する遺伝子やタンパク質であっても、生物種によってその配列や構造が異なるゲノミクス、プロテオミクスとは異なるメタボロミクスの利点です。

3 メタボロミクスにおける機器分析技術

メタボロミクス研究での代謝産物の網羅的な化学分析データは、機器分析によって得られます。また、メタボロミクスの中にも、研究目的や代謝産物分析の手法などによりいくつかのサブカテゴリー[16]があります。それらを、主に用いられる分析機器と共に表4・1にまとめました。

研究の目的や分析対象とする代謝物群の数によって、様々な分析機器が用いられますが、その中でも「質量分析計（ＭＳ）」と「核磁気共鳴分光計（ＮＭＲ）」が、最も頻繁に用いられます。代謝産物を質量分析するために、通常はガスクロマトグラフ（ＧＣ）、液体クロマトグラフ（ＬＣ）、キャピラリー電気泳動（ＣＥ）などによって多くの化学成分をできるだけ分離し、質量分析計に導入します。成分をあらかじめ分離せずに、混合物のまま質量分析計のイオン源に導入して、混合物のスペクトルを取得するインフュージョン（infusion）質量分析法もあります。この場合は、混合物由来の非常に多くのイオンが検出されるので、それらを同定するために、フーリエ変換イオンサイクロトロン共鳴質量分析計（ＦＴ-ＩＣＲ-ＭＳ）のように、超高分解能を有する分析計が用いられます。

ＮＭＲは、クロマトグラフィーでの分離とＮＭＲ分析を直接連結したオンライン手法で、液体クロマトグラフによって分離した成分を個別に測定する手法もあります。しかし、ＮＭＲメタボロミクスでは多くの場合、生体成分の抽出物そのままか、大まかな分離だけを行って混合物で測定します。

ＭＳは感度が高く、メタボロミクス研究では最も頻繁に用いられます。それに比べてＮＭＲはＭＳに比べて感度は劣りますが、シグナルの再現性や定量性が良いので、ヒトの体液などで比較的濃度の高い一次代謝産物の分析に用いられます。

表4·1　メタボロミクスのサブカテゴリー[16]とその分析手法、主な分析機器

用語（カテゴリー）	用語の説明	主な分析機器
メタボロミクス（Metabolomics）	ある生物に存在するすべての代謝産物に関する、バイアスのない網羅的な定性および定量的解析	分離装置と連結した質量分析（GC-MS、LC-MS、CE-MS など）、NMR
メタボノミクス（Metabonomics）	植物分野以外で用いられる用語で、病態生理や遺伝疾患などに応答したヒト体液中の代謝成分解析	NMR が主流
代謝指紋解析（Metabolic fingerprinting）	サンプル間の比較や識別を目的とするハイスループットで簡便な代謝成分の定性的スクリーニング。個別の代謝産物の同定は目的としない。代謝プロファイリングに先立って行われることも多い	フーリエ変換赤外線吸収スペクトル法、infusion 質量分析、NMR
代謝プロファイリング（Metabolic profiling）	ある生物に存在する代謝産物の定性と定量。実際的には代謝経路やネットワーク相関などを元に、選抜された限られた代謝産物について行うことが多い	分離装置と連結した質量分析（GC-MS、LC-MS、CE-MS など）、NMR
ターゲット分析（Targeted analysis）	限られたグループの代謝産物について最適化された抽出法、分離分析法を用いて詳しく解析する手法。比較的多くの代謝産物を対象にする場合もある（ワイドターゲット分析）	分離装置と連結した質量分析（GC-MS、LC-MS、CE-MS など）

4 各種の質量分析計がカバーする代謝物群

メタボロミクス研究に用いられる分析機器のなかで、質量分析計は最も広範に用いられています。これは様々な代謝産物を感度良く解析できるので、微量の生体成分を高感度で高速にプロファイリングする作業に向いているためです。しかし、化学成分の親水性や分子量などの性質によって、質量分析に先立つ分離法と、イオン源でのイオン化法が異なります。

各種の質量分析計がカバーする代謝産物のグループを、親水性と分子量によってプロットし、図4・1に示しました。このように、異なる代謝産物群に最適な各種の成分分離法（GC、LC、CE）、イオン化法（電子衝撃イオン化法EI、電子スプレーイオン化法ESI、大気圧化学イオン化法APCIなど）、イオン分析法（四重極型Q-pole、飛行時間型TOF、トリプル四重極型Tri-Q、イオントラップ型IT、フーリエ変換型FT-ICRなど）を組み合わせた質量分析計が開発されています。もちろん、1種類の質量分析計を用いてメタボロミクス研究を行うことも可能ですが、異なる代謝産物群をカバーできる装置を複数用いることによって、分析の網羅性が格段に向上します。

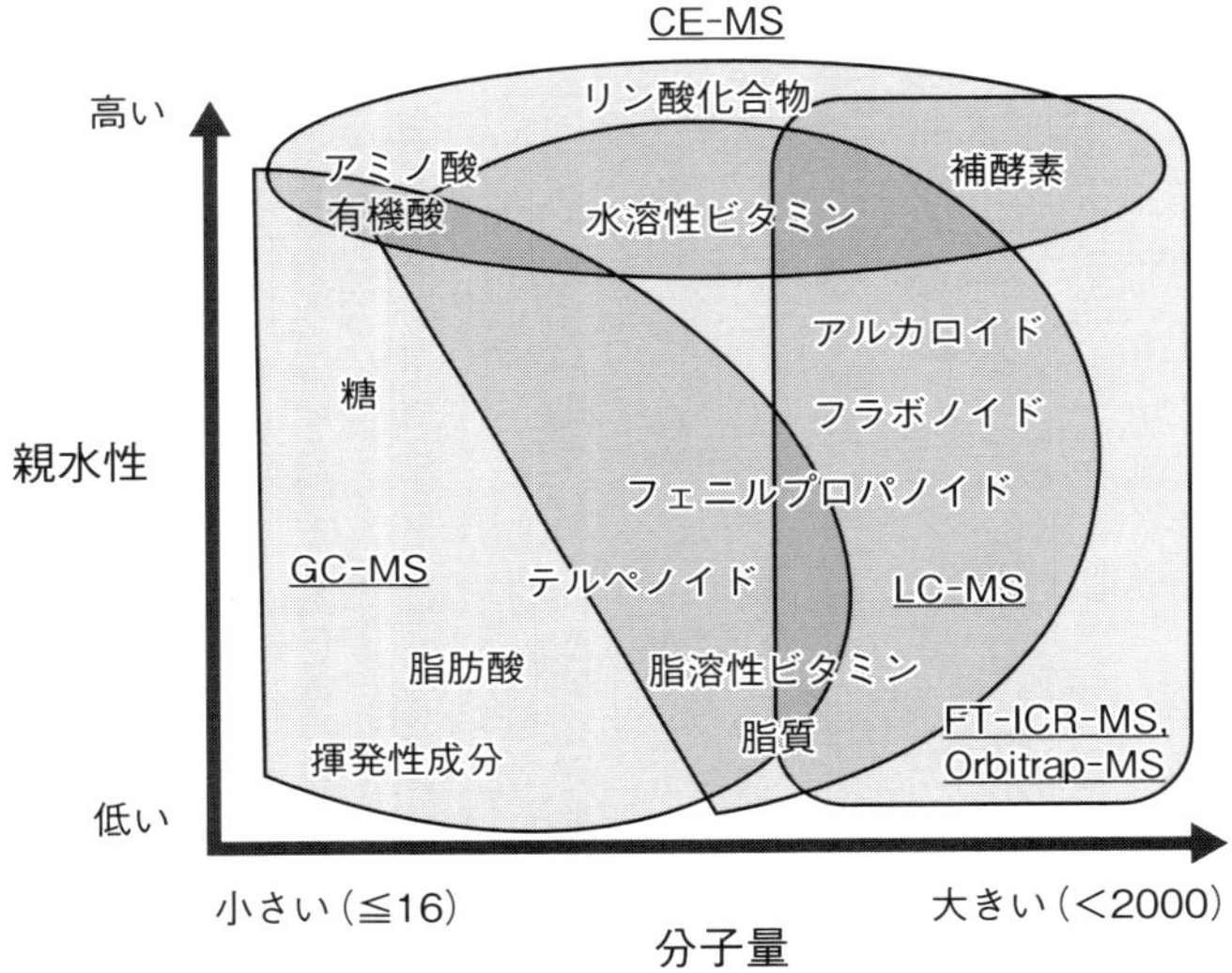

図 4·1　代謝産物の物性と、各種の質量分析計がカバーする代謝産物群
([17] [18] から一部改変。原図：松田史生、草野 都ら)

5　非ターゲット分析（メタボロミクス）とターゲット分析

表4・1にも示したように、メタボロミクスの定義は「ある生物に存在するすべての代謝産物に関するバイアスのない網羅的な定性および定量的解析」ですので、分析手法としては、ある化合物群にターゲットせず、あるいは分析機器によるバイアスのかかることのない、非ターゲット分析を行うことが基本です。この非ターゲット分析は、図4・1で示した複数の質量分析計を組み合わせて、1実験あたり通常数百から3千くらいの代謝産物ピークを取り扱います。

非ターゲット分析は、このように網羅性を最大化していますので、検出された代謝産物ピークのなかに新規な代謝産物が含まれる可能性も高いと言えます（図4・2）。しかし、その分、感度と定量性が低くなります。定量としては、相対的な定量値で示すことになります。従って、非ターゲット分析は、メタボロミクスの中でもいわば〝狭義〟のメタボロミクスとも考えられ、「発見段階（Discovery phase）」を担うとも言えます。

感度と定量性の点でより優れた分析法は、ワイドターゲット分析やターゲット分析です。これらは、あらかじめ分析範囲を定めた代謝産物について、単一の質量分析計を用いて、半絶対定量あるいは絶対定量を行います。例えば、少数のターゲットした植物ホルモンについて、安定同位体で標識した内部標準物質を用いて行う、精密な定量分析などがそれです。その分、網羅性

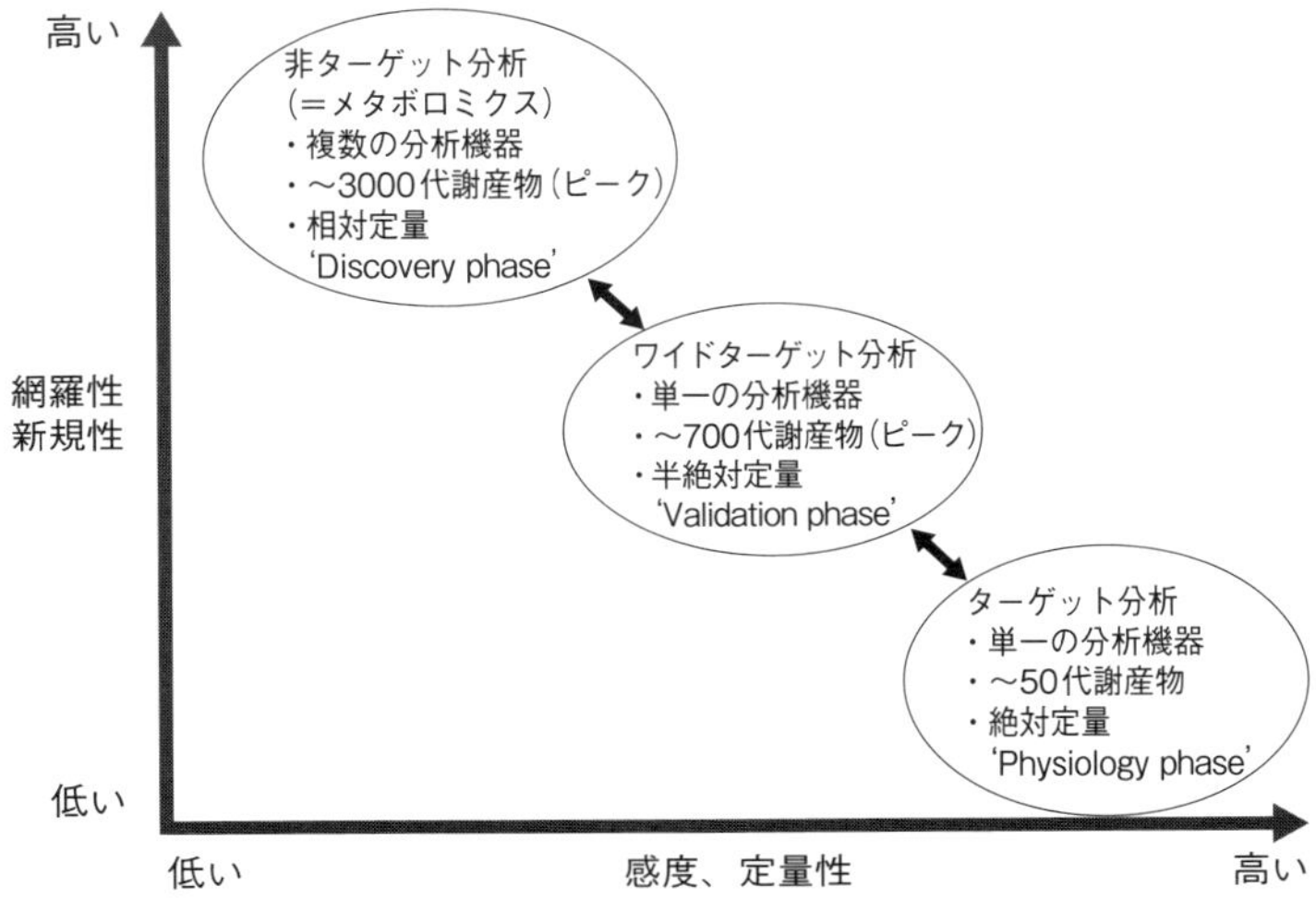

図4·2　非ターゲット分析、ワイドターゲット分析、ターゲット分析の特性

や新規性は犠牲になりますので、いわば「検証、生理学段階（Validation, physiology phase）」を担うと言えます。

メタボロミクスによって、植物科学をはじめ生命科学を推進するためには、これら3フェーズ（非ターゲット分析、ワイドターゲット分析、ターゲット分析）の異なる分析手法をすべて取り入れることが理想的です。そうすることにより、ある生物学的現象やゲノム変異と関連した新規代謝産物の発見から、定量的な生理学的な意味づけまでが可能になります。しかし、これらの3フェーズをカバーする分析機器をすべて揃え、大量の分析データを情報学的に解析することは必ずしも容易ではありません。従って、実際の研究現場では研究テーマに合わせて、定量性をある程度犠牲にしたり、対象成分を絞った代謝産物の分析を行うことが現実的です。

6　メタボロームデータの実際的な取得と取扱方法

メタボロームデータの実際的な取得とその取扱いは、現実にメタボロミクス研究を行う上で重要ですが、詳しい実験的なプロトコールは本書の範囲を超えるので、さらに学びたい方は優れた成書［19］～［21］やウェブサイト［22］［23］を参考にしてください。ここでは以下に概要を記すにとどめます。

データプロセッシング

質量分析にしてもＮＭＲにしても、分析機器が取り込んだ各サンプルのデータについて、その後の解析がスムースにできるように、ノイズ除去、ピークピッキング、デコンボリューション、整列化、正規化、標準化などのデータプロセッシングを行わなければなりません。これには、多くの場合、用いた分析機器のメーカーが装備しているソフトウェアを使うことになりますが、データプロセッシングのために開発された専用のソフトウェアを使用することも可能です。

ピークアノテーション

質量分析の場合は、それぞれの分離溶出ピークの質量分析スペクトルから、その成分の同定、構造推定を行います。標準化合物が用意できれば、それとの比較による同定や、詳細なスペクトルの解析から、信頼性の高い構造推定が可能な場合もあります。しかし、分子イオンピークの精密質量から推定される分子式（化学式）だけが推定できたり、分子イオンピークが開裂して生ずるＭＳ／ＭＳフラグメントイオンの情報だけしか得られない場合もあります。このように、構造情報に関する精度のレベルに差があるにしても、質量分析スペクトルの情報から、ピーク成分の化学構造に関する情報を得ることがピークアノテーション（ピークへの注釈付け、情報付け、構造推定）です。

このピークアノテーションは、非ターゲット分析において最も重要ですが、同時に困難なステップでもあり、メタボロミクス研究における最も大きな挑戦的課題です。実際に多くの研究者がアノテーション手法の開発に取り組み、多くの優れた方法が開発されてきました。

まず、純粋に経験的な手法は、研究対象である生物の主な代謝産物の標準品を、単離して揃えておくことです。これは手間と時間とコストがかかりますが、最も確実にピークを同定できる方法です。すでに述べたように、シロイヌナズナやイネなどのモデル植物や主要作物について、メタボロミクスでのピークアノテーションに資するために、単離可能な化学成分をできるだけ多く単離、構造決定した報告があります[1][2]。これらの研究では、新規成分の単離同定に限らず、既知成分であってもピークアノテーションには有用なので精製単離します。

これに対して、経験的な手法と情報学的な手法の組み合わせとしては、可能な限り多くの化合物の質量分析データを用意して、それらの既存の質量分析データとの完全一致や部分一致から構造推定する手法です。そのためには、大規模な質量分析データを格納したデータベースが必要ですが、日本の研究者を中心にしてMassBankという優れたデータベースが構築されています[24]。表4・2には、ピークアノテーションのための代表的な公共スペクトルと、アノテーションのデータベースを示しました。

さらに、純粋に情報学的な手法としては、化合物データベースにある化学構造を元に、その化合物の質量分析スペクトルを情報学的に予測し、実際のピークの質量分析データと比較することにより推定する方法も開発されています。メタボロームを構成する代謝産物について、代表的なデータベースに含まれるすべての代謝産物の質量分析スペクトルを予測し、実際に得られたスペクトルデータとの相同性をみることが可能です。さらに、質量分析スペクトルから、元の化合物に含まれるいくつかの部分構造を予測し、それらの部分構造を再構築して、元の化合物の構造を

表4·2　質量分析におけるピークアノテーションのための代表的な公共スペクトルとアノテーションのデータベース

データベース	説明	URL
MassBank	日本の研究者が主導した大規模な質量分析データベース	https://massbank.eu/MassBank/
MoNA（MassBank of North America）	米国の研究者が主導した大規模な質量分析データベース	http://mona.fiehnlab.ucdavis.edu/
HMDB（Human Metabolome Database）	カナダのヒトメタボローム研究でのデータベース	http://www.hmdb.ca/
ReSpect	植物代謝産物についての文献記載および標準品の質量分析データベース	http://spectra.psc.riken.jp/
PlaSMA	完全 ^{13}C 標識植物体と情報学を組み合わせた12種の植物種のメタボロームアノテーションとスペクトルデータベース	http://plasma.riken.jp/
Golm Metabolome Database	マックス・プランク植物分子生理学研究所が主導するメタボロームデータベース	http://gmd.mpimp-golm.mpg.de/

推定することも可能になってきました[25]。

炭素の安定同位体である ^{13}C からなる二酸化炭素気流下で、種子から成育した完全 ^{13}C 標識植物体を用意して、そのメタボロームデータを、通常の二酸化炭素気流下で成育した植物体のデータと比較することによって、各ピークの炭素原子数を正確に決定できます。このようにして、正確に決定した各ピークの分子式（化学式）とMS／MSフラグメントデータなどから、非常に多くのピークの構造をかなり正確に、一挙に推定する手法が開発されています［26］。また、NMRについても、多くの標準化合物のNMRスペクトルのデータベースを用意したり、あるいは計算科学によってスペクトルを解析して、そこに含まれる化合物の構造情報を得ることになります。NMRでは多くの場合、混合物の中の成分について、信頼性の高い定量的な情報も同時に得ることができます。

メタボローム蓄積データベース

メタボロームデータの生物学的な解釈のためには、各サンプルにおいて、それぞれの代謝産物がどのくらい蓄積しているか、という情報が重要です。従って、完全に同定された代謝産物が、絶対量として定量されることが理想的です。しかし、実際には様々なレベルのアノテーションがついたピークの信号強度から、標準物質のピークとの相対量として提示するのが、メタボロミクス研究としては現実的です。ある代謝産物について絶対量が必要であれば、その代謝産物にターゲットした定量分析を行うことになります。

メタボローム蓄積のデータも、遺伝子発現データベースのように、世界で共通のプラットフォームを用いた公共データベースに登録することにより、世界中の研究者が解析することが可能になります。このように、だれでもが使えるメタボローム蓄積のオープンデータベースを目指して、

表 4·3　代表的なメタボローム蓄積のオープンデータベース

データベース	説明	URL
MetaboLights	欧州分子生物学研究所（EMBL）傘下の欧州生物情報学研究所（EMBL-EBI）が主導するメタボロミクスに関するデータベース	https://www.ebi.ac.uk/metabolights/
Metabolomics Workbench	米国国立衛生研究所（NIH）が主導するメタボロミクスに関するデータベース	http://www.metabolomicsworkbench.org/
MetabolomeExpress	オーストラリアの研究者が主導する GC-MS メタボロミクスのデータベース	https://www.metabolome-express.org/
RIKEN Plant Metabolome MetaDatabase (MetaboBank)	理化学研究所の植物メタボロミクスに関するデータベース。国立遺伝学研究所が主導するメタボロミクスに関するデータベース	http://metabobank.riken.jp/
AtMetExpress	LC-MS によるシロイヌナズナのメタボロームデータベース	http://prime.psc.riken.jp/lcms/AtMetExpress/
MeKO	GC-MS によるシロイヌナズナの 50 変異体のメタボロームデータベース	http://prime.psc.riken.jp/meko/
PlantMetabolomics.org	米国 NSF プロジェクトによるシロイヌナズナのメタボロームデータベース	Bais *et al.* [27] https://www.plantcyc.org/publications/plantmetabolomicsorg-web-portal-plant-metabolomics-experiments
Medicinal Plant Metabolomics Resource	米国 NIH プロジェクトによる薬用植物メタボローム研究の成果	Wurtele *et al.* [28] http://medicinalplantgenomics.msu.edu/

いくつかのデータベースが構築されています（表4・3）。これらのメタボロームデータベースは、例えば、核酸塩基配列のデータベースがＧｅｎＢａｎｋ、ＥＭＢＬ、ＤＤＢＪで実現されているような共通化はまだ十分に進んでいませんが、将来の共通化とその研究コミュニティでの利用が期待されています。

多変量解析によるデータマイニング

質量分析から得られたメタボロームデータを整列化し、各分析サンプルとその中に検出された代謝産物ピークからなるマトリクスが作成されると、次にケモメトリクス多変量解析を行って、新たな生物学的な意味付けや発見を行うことになります。メタボロミクスで用いられる多変量解析には多くの手法がありますが、詳しくは成書[20]や総説[29][30]に譲り、ここでは代表的な手法を列挙するにとどめます。

元データを構成する要素について、可能な限り大部分の変動を説明する主成分ベクトルを求める主成分分析（Principal Component Analysis：ＰＣＡ）、サンプル間の類似性を元に樹形図（デンドログラム）を作成して表示する階層的クラスタリング（Hierarchical Cluster Analysis：ＨＣＡ）、多変量データの統計的解析から類似データが近傍に来るような格子状のマップを作成する自己組織化マッピング（Self-Organizing Mapping：ＳＯＭ）などが挙げられます。これらの多変量データ解析のための手法に加え、多変量データから変数間の統計的モデルを作成し、あるデータや事象を予測する回帰分析も有用です。

他のオミクスとの統合と生物学的解釈

メタボロームデータは、トランスクリプトームなど他のオミクスデータと統合して、新しい生物学的解釈や仮説の構築が行われます。それぞれのオミクスデータを個別に解析しながら、統一的な仮説を構築することも可能です。さらに、同じサンプルの、メタボロミクスのデータとトランスクリプトミクスのデータを接合した巨大なマトリクスを作成し、それを上記の多変量解析に供することも可能です。より高度な手法として、複数のマトリクスを統合して解析するO2PLS(Two-way Orthogonal Partial Least Squares)などの最新の多変量解析も使われます。

メタボロームデータと遺伝子発現についてのトランスクリプトームデータを、代謝マップ上に投影できれば、視覚的に代謝産物の蓄積とその原因となる遺伝子発現を同時に見ることができ、新しい仮説の構築に有益です。MapMan[31]や KaPPA-View[32]は、このような目的で作られた視覚化ソフトウェアです。

次章でも詳しく述べますが、このような植物メタボロームの解読を含むメタボロミクス研究の発展には、日本の研究者が大きく貢献しました（コラム5参照）。

コラム5　世界に誇る日本のメタボロミクス研究

メタボロミクス研究は、1990年代にゲノム科学の進展とほぼ並行して、欧米を中心にその可能性が議論され始めました。しかし、すでに1970年代の後半には、ヒトの代謝疾患の診断を目的として、GC-MSを用いた尿代謝産物の網羅的な解析が、日本の医学薬学系の研究者を中心として、活発に行われていました。この日本人の先駆的な研究が、その後マックスプランク植物分子生理学研究所（ドイツ）からの、GC-MSを用いた植物メタボロミクスの夜明けとも言える、2000年前後の先駆的な研究をインスパイアしました。

その後、日本でのメタボロミクス研究は、2000年前後から、植物科学分野では理化学研究所、千葉大学、かずさDNA研究所などを中心として、また、分析技術開発や医療分野では、慶應義塾大学、大阪大学、東京大学などが初期の中核的な研究機関として、世界を先導しました。また、本文中でいくつか述べたように、メタボロミクス研究を支える基盤的なデータベースの構築についても、日本の研究機関が多くの重要な役割を果たしました。さらに、他のオミクスとの統合による、新規の代謝産物や遺伝子機能の同定にも、海外の研究グループに先んずる研究成果を収めています。メタボロミクス研究全般に関して、日本の研究成果は国際的な視点からも高く評価されているのです。

日本のメタボロミクス研究は、このような大学や公的研究機関などでの基礎研究だけに止まらず、メタボロミクスを標榜した新しい会社設立や、メタボローム解析サービスなどの事業化も進んでいます。国内でも複数のメタボロミクス関連会社や解析サービス事業が運営されています。

　このような、世界のメタボロミクス研究における、日本の研究者の大きな貢献もあって、２００５年と２０１５年には鶴岡市で国際メタボロミクス学会の第1回、第10回の年会が開催され、２００８年には横浜市で第５回国際植物メタボロミクス会議が開催されました。これらの国際会議には海外からも多くの研究者が参加し、メタボロミクスについて活発な議論が行われました。また、２００６年以降、毎年秋にメタボロームシンポジウムが開催され、国内研究者の議論と交流の場となっています。

　複雑な植物成分の分離や構造決定などの植物天然物化学に限ってみても、日本にはこの分野で世界をリードする、堅固な実績と長い伝統がありました。このような実績と伝統を礎《いしずえ》として、さらに情報学などの新しい分野の研究者も多く参入して、日本の研究者や研究機関は、メタボロミクス研究において大きく貢献し、世界を先導する立場にいます。

5章　統合オミクスと遺伝子機能の同定
：モデル植物シロイヌナズナを用いて

メタボロミクスなどを統合した統合（マルチ）オミクスの手法は、まずモデル植物であるシロイヌナズナに応用して、新しい遺伝子やネットワークの発見に繋がりました。この章では、これらについて筆者らの研究を中心に解説します。

1 硫黄代謝とグルコシノレート

硫黄は、窒素、リン、カリウムなどと並び、植物にとって重要な主要栄養素の一つです。植物にとっての硫黄源は、根から取り込まれた硫酸イオンであり、吸収された硫酸イオンは複数段階を経て、システインに還元同化されます[33]。このシステインが、含硫黄代謝産物の生合成や代謝の分岐点となる鍵化合物であり、システインを経て、グルタチオンや多くの含硫黄代謝産物が作られます。植物が硫黄欠乏下におかれると、根からの硫酸イオンの吸収に関わる、硫酸イオン輸送体遺伝子の発現が誘導されるなど、いくつかの硫黄欠乏に対する特異的な応答が見られます。

この硫黄欠乏に対する特異的な応答を、モデル植物のシロイヌナズナを用いて、トランスクリプトームとメタボロームデータを取得し、遺伝子発現と代謝産物変化の両面から網羅的に解析しました[34][35]。シロイヌナズナの芽生えを3週間、通常の無機栄養を含む寒天培地で栽培し、その後同じく通常の無機栄養を含む寒天培地（対照群）と、硫黄源である硫酸イオンを含まない寒天培地（硫黄欠乏群）の二群に分けて植えつぎ、経時的（3、6、12、24、48、168時間後）に芽生えを根と葉に分けてサンプル採取して、それぞれについてトランスクリプトームとメタボローム解析を行いました。最長の硫黄欠乏ストレスである168時間後においても、硫黄欠乏時に典型的に見られる見かけ上の表現型の変化は見られませんでした。

トランスクリプトーム解析は、シロイヌナズナのほぼ全遺伝子を網羅したマイクロアレイを用い、メタボローム解析は、インフュージョンFT-ICR-MS、HPLC、キャピラリー電気泳動（CE）によりデータを取得しました。得られたトランスクリプトームとメタボロームデータは標準化後、各データポイントについて対照群に対する硫黄欠乏群の比を計算し、主成分分析（PCA）やバッチラーニング自己組織化マップ（BL-SOM）などの多変量解析を行いました。

その結果、含硫黄性の二次代謝産物である複数のグルコシノレート類の、一過的な減少とそれに引き続く上昇が見られました。さらに、この変動とほぼ鏡像的なパターンを示す、グルコシノレート分解産物であるイソチオシアネート類の変動が顕著に認められ、硫黄欠乏に応答したグルコシノレート類およびイソチオシアネート類の、対称的な協調的変動が明らかになりました（図5・1）。これらの代謝物変動と共に、グルコシノレートの生合成や代謝に関する遺伝子群の発現も協調的に変動していることが示されました。

興味深いことに、この協調的な発現変動を示す遺伝子群の中には、グルコシノレートの生合成

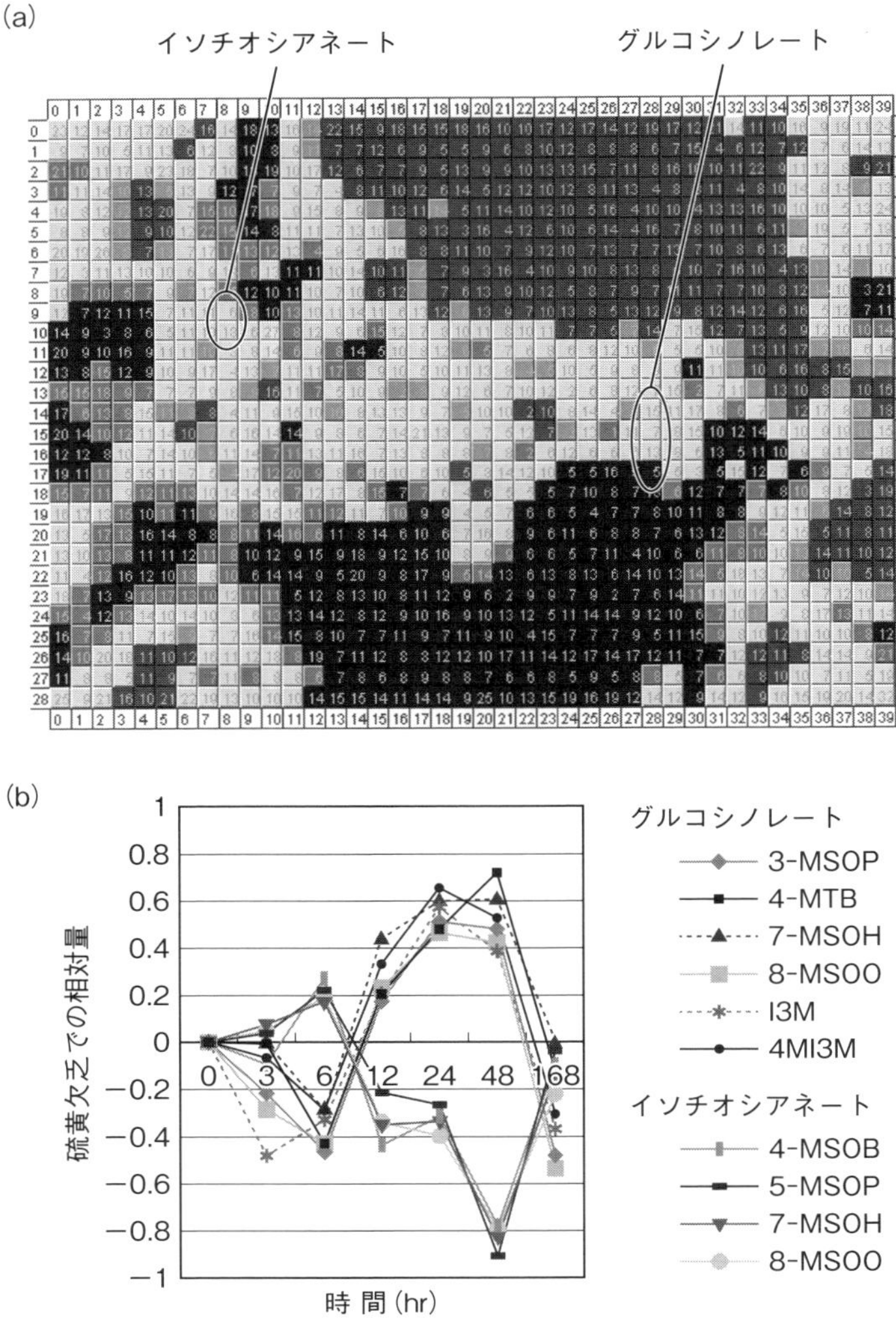
(a)
イソチオシアネート
グルコシノレート
(b)
グルコシノレート
3-MSOP
4-MTB
7-MSOH
8-MSOO
I3M
4MI3M
イソチオシアネート
4-MSOB
5-MSOP
7-MSOH
8-MSOO
硫黄欠乏での相対量
時 間(hr)
0
3
6
12
24
48
168
1
0.8
0.6
0.4
0.2
−0.2
−0.4
−0.6
−0.8
−1

や代謝に関する既知遺伝子の他に、機能が未同定の遺伝子がいくつか含まれていました。これらの機能未知の遺伝子は、既知遺伝子との共発現性から、既知遺伝子が関与する生物学的プロセス（グルコシノレートの生合成や代謝）に関与している可能性が強く示唆されました。そこで、既知のグルコシノレート生合成遺伝子と共発現性を示す、硫酸基転移酵素ファミリーに属する3個の遺伝子を組換えタンパク質を用いて機能解析したところ、確かにグルコシノレート生合成の最終段階である、3′-ホスホアデノシン-5′-ホスホ硫酸（PAPS）依存的なデスルフォグルコシノレート硫酸基転移酵素活性を有することが示されました[35]。

このような、トランスクリプトームとメタボロームの網羅的な共発現解析は、グルコシノレート生合成における新規な酵素遺伝子の推定だけではなく、グルコシノレート生合成全体の遺伝子発現を制御する、新たな転写

図5·1　BL-SOMによる硫黄欠乏下におけるシロイヌナズナのトランスクリプトームとメタボローム統合解析

(a) 硫黄欠乏ストレス下の葉のトランスクリプトームとメタボロームの時系列データによる解析結果（フィーチャーマップ）。格子中の数字は、その格子に分類された代謝産物または遺伝子の個数を表す。格子の色（濃淡）は、あるタイムポイントにおける代謝産物、遺伝子の相対的な蓄積量、発現量を表す。グルコシノレート、イソチオシアネートがそれぞれクラスターを形成している。

(b) グルコシノレートとイソチオシアネート相対蓄積量の経時変化が鏡像的なパターンを示している。グルコシノレート、イソチオシアネートの分子種を側鎖の名称で示す。3-MSOP、3-メチルスルフィニルプロピル；4-MTB、4-メチルチオブチル；7-MSOH、7-メチルスルフィニルヘプチル；8-MSOO、8-メチルスルフィニルオクチル；I3M、インドール-3-イルメチル；4MI3M、4-メトキシインドール-3-イルメチル；4-MSOB、4-メチルスルフィニルブチル；5-MSOP、5-メチルスルフィニルペンチル。

([35]から改変。原図：平井優美)

因子の同定にも応用されました[36]。トランスクリプトームとメタボロームの統合的なＢＬ‐ＳＯＭにおいて、グルコシノレート生合成に関与する遺伝子群と共発現する遺伝子群の中に、機能が未同定の２個のＭＹＢ転写因子（ＭＹＢ28、ＭＹＢ29）が含まれていました。さらに、この二つの*MYB*遺伝子は、シロイヌナズナの公共的なトランスクリプトームデータを用いた共発現解析からも、グルコシノレート生合成に関わる酵素遺伝子群と強い共発現性が認められました。

そこで、そのうち*MYB28*遺伝子の欠損変異体を解析したところ、メチオニンに由来する脂肪族グルコシノレートの生合成遺伝子群の発現がいずれも顕著に抑制され、同時にメチオニンに由来する脂肪族グルコシノレート類の含量の低下も見られました。さらに、この*MYB28*を過剰発現させたシロイヌナズナの培養細胞では、非形質転換細胞では発現が見られない、メチオニンに由来する脂肪族グルコシノレートの生合成遺伝子群の発現が見られ、同時に脂肪族グルコシノレート類の蓄積が確認されました。

このようにＭＹＢ28は、脂肪族グルコシノレートの生合成遺伝子群の発現を正に制御する、重要な転写因子であることが証明されました。同時に、グルコシノレートのような二次代謝産物は、ほとんどの場合、脱分化した培養細胞では生産が見られませんが、一つの転写因子の異所的な過剰発現によって、培養細胞でもグルコシノレートの生産が可能であることを示したものであり、将来のバイオテクノロジーへの応用が期待されます。

2　フラボノイド生合成経路の網羅的な遺伝子機能同定

pap1-D 変異体の統合的な解析から

フラボノイドは代表的な植物二次代謝産物です。しかし、今から10年以上前にはシロイヌナズナにおいてですら、生合成に関するすべての遺伝子が同定されていた訳ではありませんでした。その頃、シロイヌナズナで *pap1-D* というアントシアニンを恒常的に高生産するアクティベーションタグ変異体（遺伝子欠損型とは異なり遺伝子発現の活性化による変異体）が報告され、その原因はPAP1というMYB転写因子の過剰発現によるものとされました。そこで、この *pap1-D* 変異体を解析することにより、単一の転写因子の過剰発現によってトランスクリプトームとメタボロームレベルでどのような変化が起きているのか、また、このようにトランスクリプトーム変化とメタボローム変化を関係づけることによって、フラボノイド生合成に関する遺伝子を網羅的に同定できるのではないか、という課題が提起されました[37]。

トランスクリプトーム解析はマイクロアレイを用い、メタボロームはインフュージョンFT-ICR-MS、LC-MS、HPLC、CEによりデータを取得しました。メタボロームデータからは、代謝産物総体のプロファイルは、葉と根、栽培条件などによって大きく異なるものの、*PAP1* 遺伝子の過剰発現では、フラボノイド以外の代謝産物プロファイルに、大きな違いのないことが示されました。しかし、フラボノイドの一種であるアントシアニンにターゲットした代謝産物プロファイルでは、*PAP1*遺伝子の過剰発現体は、野生型植物に比べて大きな差異があることがわかり、*PAP1*遺伝子による代謝変化は、アントシアニンを主とするフラボノイド高生産にかなり限定されることが明らかになりました。これらの高生産（蓄積）されているアントシアニンは図5・2に示した化学構造を有していました。

トランスクリプトームデータを解析すると、高蓄積したアントシアニンの母核アグリコンであるシアニジン生合成など、既知のアントシアニン生合成に関与する遺伝子の発現が上昇していることがわかりました。それに加え、機能未知の遺伝子が、*PAP1*遺伝子の過剰発現体で高発現していることも判明しました。これらの高発現している機能未知の遺伝子は、図5・2に示された構造を有するアントシアニンの生合成に関与していることが期待されました。そのうち、いくつかは、シロイヌナズナゲノムに100個以上存在する、ウリジン二リン酸（UDP）-糖を糖供与体とする配糖化酵素遺伝子の中で、アントシアニンの糖修飾に関わる遺伝子と期待されました。

そこで、これらの遺伝子のノックアウト変異体における、アントシアニンの蓄積プロファイルを解析しました。その結果、遺伝子 At4g14090 のノックアウト変異のホモ接合体では、野生型やヘテロ接合体のアントシアニンプロファイルとは明らかに異なり、野生型で見られる主要アン

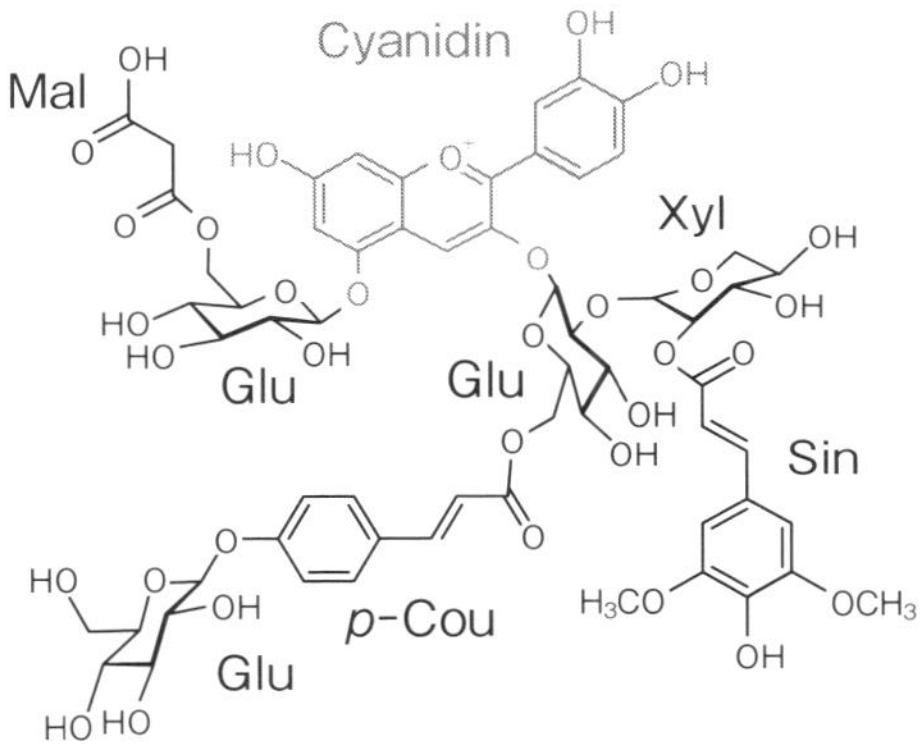

Cyanidin：シアニジン母核
Glu：グルコース
Mal：マロニル
p-Cou：*p*-クマロイル
Sin：シナポイル
Xyl：キシロース

図5·2　PAP1 転写因子の過剰発現体で高蓄積していたアントシアニンのうち、最も高度に修飾された成分の構造

トシアニンピークが消失し、新たに3個のピークが蓄積していました。この3個の新ピークの構造を推定したところ、いずれも5位のヒドロキシ基が配糖化されていないアントシアニンでした。従って、At4g14090は、アントシアニンの5位ヒドロキシ基を配糖化する酵素をコードしている遺伝子であることが示されました。このように、メタボロミクスとトランスクリプトミクスを統合することによって、新しい遺伝子の機能を決定することができます。

広範なフラボノイドプロファイルと遺伝子共発現解析から

シロイヌナズナの各器官、組織、ストレス応答について広範なフラボノイドプロファイリングを行い、合計11個のアントシアニン、35個のフラボノール、8個のプロアントシアニジンが、どの器官、組織、ストレス下に蓄積しているかを明らかにしました。同時に、シロイヌナズナの公共的なマイクロアレイデータによって、フラボノイド生合成に関わる遺伝子群が、どのような遺伝子と共発現しているかについて、共発現ネットワークを解析しました[38]。

この共発現ネットワーク解析は、ある二次代謝産物の生合成経路のように、同一の生物学的プロセスに関与する遺伝子群は、組織やストレスなど様々な条件下で、同じような発現パターンを示すという「guilt-in-association（連帯責任）」理論に基づくものです。つまり、既知のアントシアニン生合成遺伝子と同じ共発現ネットワークに含まれる未知遺伝子の機能は、アントシアニン生合成に関係していることが期待されます。これは前述の、*PAP1*遺伝子の過剰発現によって誘導される遺伝子群は、共発現ネットワークを形成し、それらの遺伝子群はアントシアニン生合成に関与が期待される、という考え方を拡張したものです。

シロイヌナズナの公共的なマイクロアレイデータを元にして解析した結果、図5・3に示すような共発現ネットワークを得ることができました。この結果から、フラボノイド生合成の全般、アントシアニン、プロアントシアニジン、リグニンなどの生合成に関与している遺伝子群が、そ

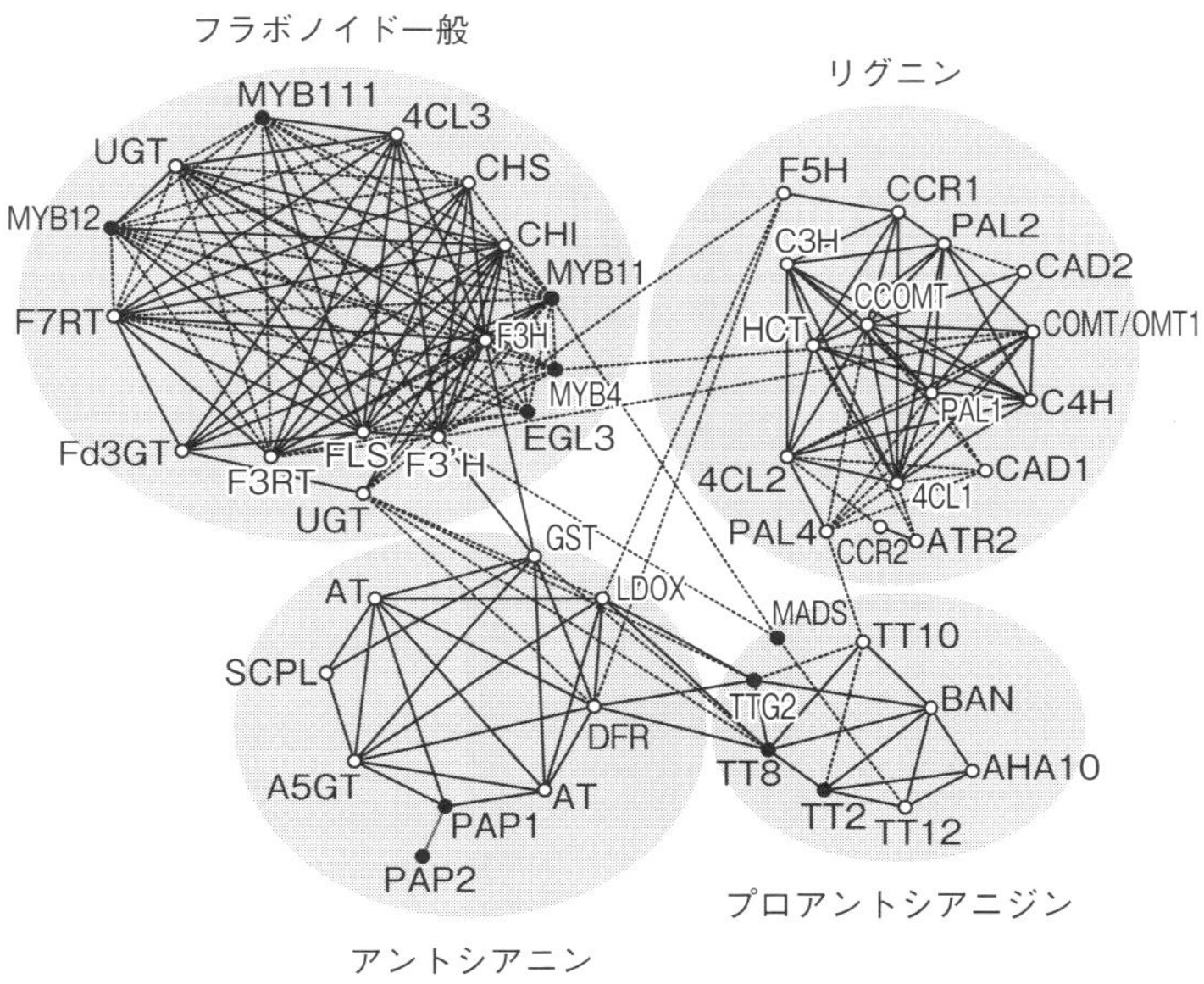

図5·3　シロイヌナズナの公共的なマイクロアレイデータから得られた共発現ネットワーク
フラボノイド関連成分のそれぞれのグループの生合成に関与する遺伝子群が、共発現ネットワークを形成していることがわかる。[41]（原図：榊原圭子）

れぞれ共発現ネットワークを形成していることが明らかになりました。この遺伝子発現ネットワーク解析と、広範なフラボノイドプロファイリングを統合して、個々の遺伝子と個々のフラボノイド分子を関連付けて、フラボノイド生合成全体について、その遺伝子とフラボノイド分子の関係を解明することができました。これは、植物二次代謝経路について、その化学成分の多様性と遺伝子の多様性を、ほぼ完全に関連付けることができた初めての例といえます[39][40]。

紫外線（UV）耐性を付与する新規フラボノイドとその生合成遺伝子の進化

前項までの解析は、いずれもシロイヌナズナのCol-0という、一つの自然変異体（ナチュラル・アクセッション natural accession またはエコタイプ ecotype）を用いて行いました。しかし、シロイヌナズナには遺伝的多様性を有する多くの自然変異体があり、それぞれの自然変異体には固有の遺伝子変異と、それに原因する固有の代謝産物があるはずです。そこで、マックス・プランク植物分子生理学研究所（ドイツ）の峠 隆之博士らが、64種類のシロイヌナズナ自然変異体のメタボローム解析をしたところ、18種の未同定のフラボノイドの有無について、明確に区別できる自然変異体間の差異が認められました。この未同定のフラボノイド群は、フェニルアシル化された一連の新規フラボノール群であることがわかりました。このフラボノイドは、フェニルアシル基の効果により、有害なUV-Bを吸収し遮る能力が高いフラボノールであることから、サイギノール（saiginol）と名付けられました[42]。

サイギノールはフラボノールの3位の結合糖にシナポイル基、カフェロイル基、p-クマロイル基などのフェニルアシル基がさらに結合した構造を有しているため、その生合成には新規なフェニルアシル基転移酵素が寄与している可能性が示唆されました。そこで、サイギノール類を生産しているＣ24という自然変異体と、生産していないＣｏｌ‐０という自然変異体の染色体の一部が相互に置き換わった組換えラインを用いて、染色体上のどの領域がサイギノール類の生産に関わっているかを決定しました。その結果、第二染色体上の一部領域が生産の有無を決定していることがわかりました。

この領域には約８００個の遺伝子がありましたが、遺伝子発現プロファイルを精査したところ、その中でカルボキシペプチダーゼ様タンパク質をコードしている2個の遺伝子の発現が、サイギノール類の生産とよく相関していました。

次に、サイギノール類を生産しているＣ24から得られたこれらの遺伝子を、Ｃｏｌ‐０で発現させたトランスジェニック植物を作製したところ、*FPT2*と命名した一つの遺伝子の発現によってサイギノール類を生産するようになりました。その結果、*FPT2*遺伝子がサイギノール類の生産に必要かつ十分であることが示されました。

興味深いことに、サイギノール類を生産している自然変異体と、していない自然変異体の分布を調べてみますと、生産している変異体は緯度の違いや標高の高低にかかわらず広く分布していますが、生産していない変異体は、有害な紫外線であるＵＶ‐Ｂが弱い、高緯度および低い標高の地域に限って分布しています（図５・４）。また、サイギノール類は葉、茎、根などの栄養器官に比べ、花や蕾などの生殖器官に多く蓄積していました。

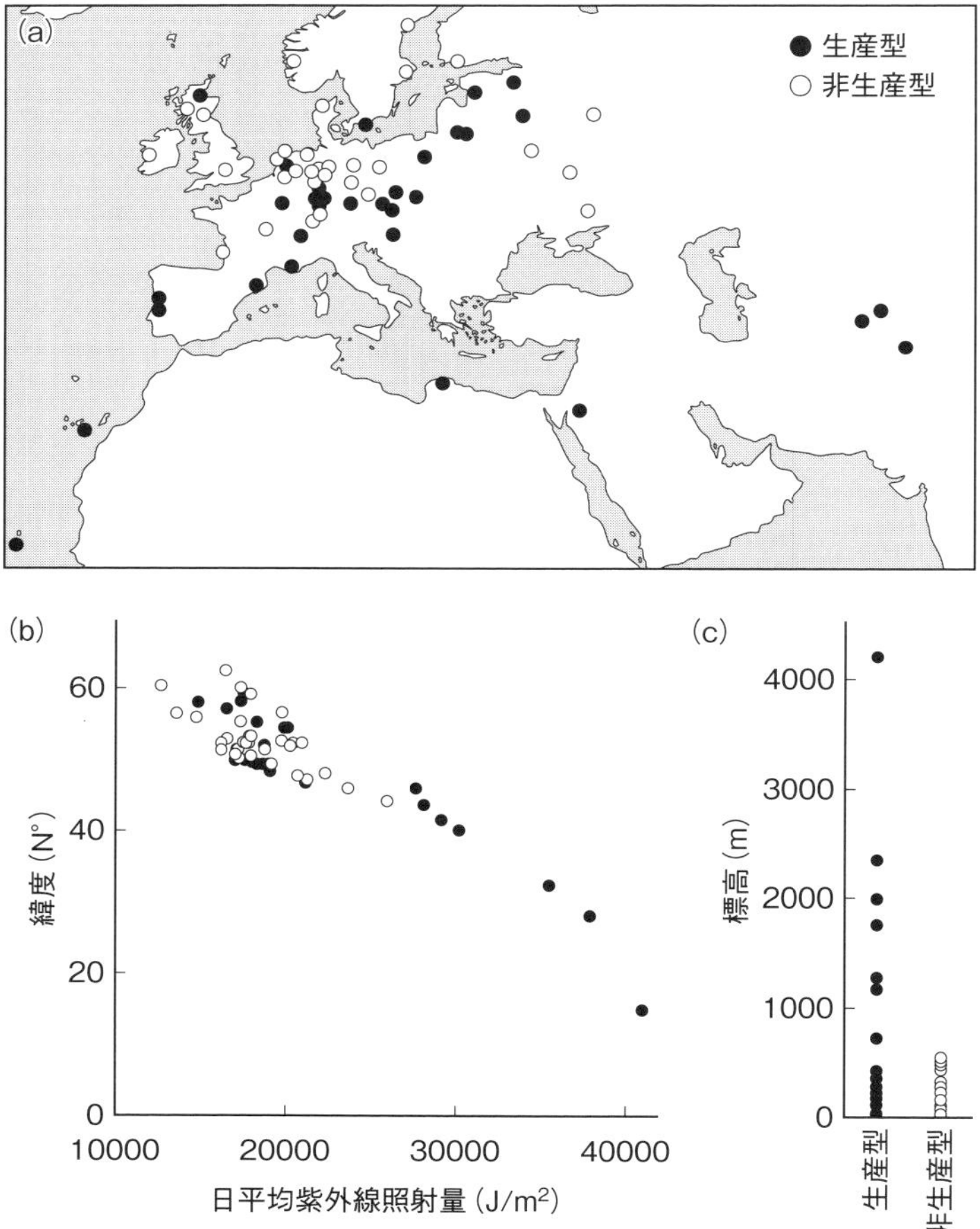

図 5·4　シロイヌナズナ自然変異体の地域分布

（a）サイギノール類の生産型と非生産型の自然変異体の地域分布。

（b）自然変異体の生育地を緯度と日平均紫外線照射量でプロットした。

（c）自然変異体の生育地を標高でプロットした。

（[42] から改変。原図：峠　隆之）

さらに、同じ遺伝的背景を有するシロイヌナズナを元にして、活性な*FPT2*遺伝子によってサイギノール類を生産する個体、および不活性な*FPT2*遺伝子のため生産しない個体を作製し、UV-B照射下での長角果（莢）や種子の形成を見ました。その結果、サイギノール類を生産している個体は、生産していない個体に比べて、多くの長角果（莢）や種子を形成することが認められました。さらに、サイギノールAと、そこからシナポイル基が脱離したケンフェロール誘導体の紫外線吸収スペクトルを比べてみると、サイギノールAはより多くのUV-AおよびUV-B領域の光を吸収することがわかりました。

以上から、サイギノール類は、有害な紫外線からシロイヌナズナの生殖器官を保護する機能を有し、UV-Bの弱い地域ではサイギノール類の生産個体、非生産個体とも生き延びましたが、UV-Bの強い地域では自然選択により生産個体だけが生き延びたと考えられます[42]。

フラボノイドの高蓄積による環境耐性付与

フラボノイドはそのポリフェノール構造から、活性酸素分子種を除去することが推定できますし、実際に試験管内でフラボノイドが、活性酸素分子種やフリーラジカルなどを効率的に除去できることは、複数の研究で証明されていました。しかし、実際に植物体内でフラボノイドが植物の酸化ストレスやそれに関連した環境ストレスに対して、それらを緩和する機能を有しているのか否かについて、実験的な証明がなされたのは最近のことです[8]。

その研究では、①野生型のシロイヌナズナ、②フラボノイド生合成の転写因子であるMYB12またはPAP1の単一過剰発現体、③これらの転写因子の両方を発現させた二重過剰発現体、④フラボノイドの欠損変異体、⑤フラボノイド欠損変異体でのMYB転写因子の過剰発現体、を用いて実験を行いました。

これら五つの異なる遺伝型の植物体における、メタボロミクスとトランスクリプトミクス解析から、遺伝型背景と転写因子の過剰発現に対応して、それぞれの実験植物群間でフラボノイド分子の蓄積に顕著な差があることがわかりました。期待どおりに、二重過剰発現体ではフラボノイドを高蓄積していました。

次に、環境ストレス下において、フラボノイドが植物体内の活性酸素種の蓄積を抑制できるか否かを検討しました。その結果、強い抗酸化活性を有するアントシアニンの過剰蓄積が、酸化ストレスおよび乾燥ストレス下において、活性酸素種の蓄積を抑制し、これらのストレス緩和に寄与していることが示されました。また、水分損失量も検討したところ、野生株に比べて、フラボノイド高蓄積体の水分損失量は少ないことが示されました。フラボノイドなどの抗酸化物質は、おそらく浸透圧を調節する機能を有し、生体内における水分の保持に関わっていると考えられています。これらの結果は、フラボノイドの蓄積そのものが、活性酸素種の除去と保水能を向上させ、そのため植物は乾燥ストレスに対して耐性になることを示しています。

3 リン欠乏ストレスに応答した新規脂質分子と遺伝子の同定

非生物学的な環境ストレスによって、作物の実際の収量は、理論上の最大収量をはるかに下回っています。この環境ストレスによる損失は、最大収量の50％から80％に及ぶとされています［43］。非生物学的な環境ストレスとしては、乾燥、塩害、高温、低温、貧栄養、紫外線、冠水などが代表的です。植物は、このような環境ストレスをできるだけ緩和して生きのびるために、特異的な代謝産物を作ったり、代謝産物パターンを変化させるなどの生存戦略を発達させました。

このような代謝変化の中でも、細胞やオルガネラ膜成分の脂質に関する脂質メタボローム解析（リピドーム解析またはリピドミクスとも呼びます）によって、新規脂質分子や遺伝子を発見することができます。

リン酸欠乏に応答した新糖脂質の発見

リンは窒素、カリウムと共に植物の成育に重要な三大栄養素です。植物がリン欠乏にさらされると、核酸合成などに必要なリンが不足し成長が阻害されます。このようなリン欠乏時には、植物は自らの生体膜中のリン脂質を分解、動員して核酸合成などに必要なリンを供給します。このとき植物体内では、リン脂質が減少しても細胞膜機能を維持するため、リンを構成要素とせず、しかし機能的にはリン脂質の代替となる、スルホ脂質などの酸性膜脂質が増加します。この現象は膜脂質のリモデリングと呼ばれます。

植物細胞の生体膜は、主にリン脂質や糖脂質で構成されています。糖脂質には硫黄を含んだスルホ脂質などのように、植物や一部の微生物に特有に蓄積する脂質もあります。

このような脂質リモデリングは、植物の環境適応において重要な役割を担っています。そこで、メタボロミクス、特に脂質メタボローム解析（リピドミクス）によって、新しい脂質分子やその生合成遺伝子が同定されました[44][45]。

リン酸塩を含む対照培地と、リン酸塩を含まないリン欠乏培地で栽培したシロイヌナズナの葉の脂質画分について、LC-MSによるリピドーム解析を行いました。その結果、すべてのリン脂質レベルが低下し、既知の糖脂質レベルが上昇することがわかりました。このように、期待された脂質リモデリングに加え、対照培地で成育した植物葉にはほとんど検出できない新しい脂質分子が、リン欠乏培地で栽培した植物葉に蓄積していることがわかりました。

この新脂質の構造を決定したところ、これは酸性糖脂質の一種であるグルクロン酸脂質であると判明しました。グルクロン酸脂質は、一部の細菌類、菌類、微細藻類などでは知られていまし

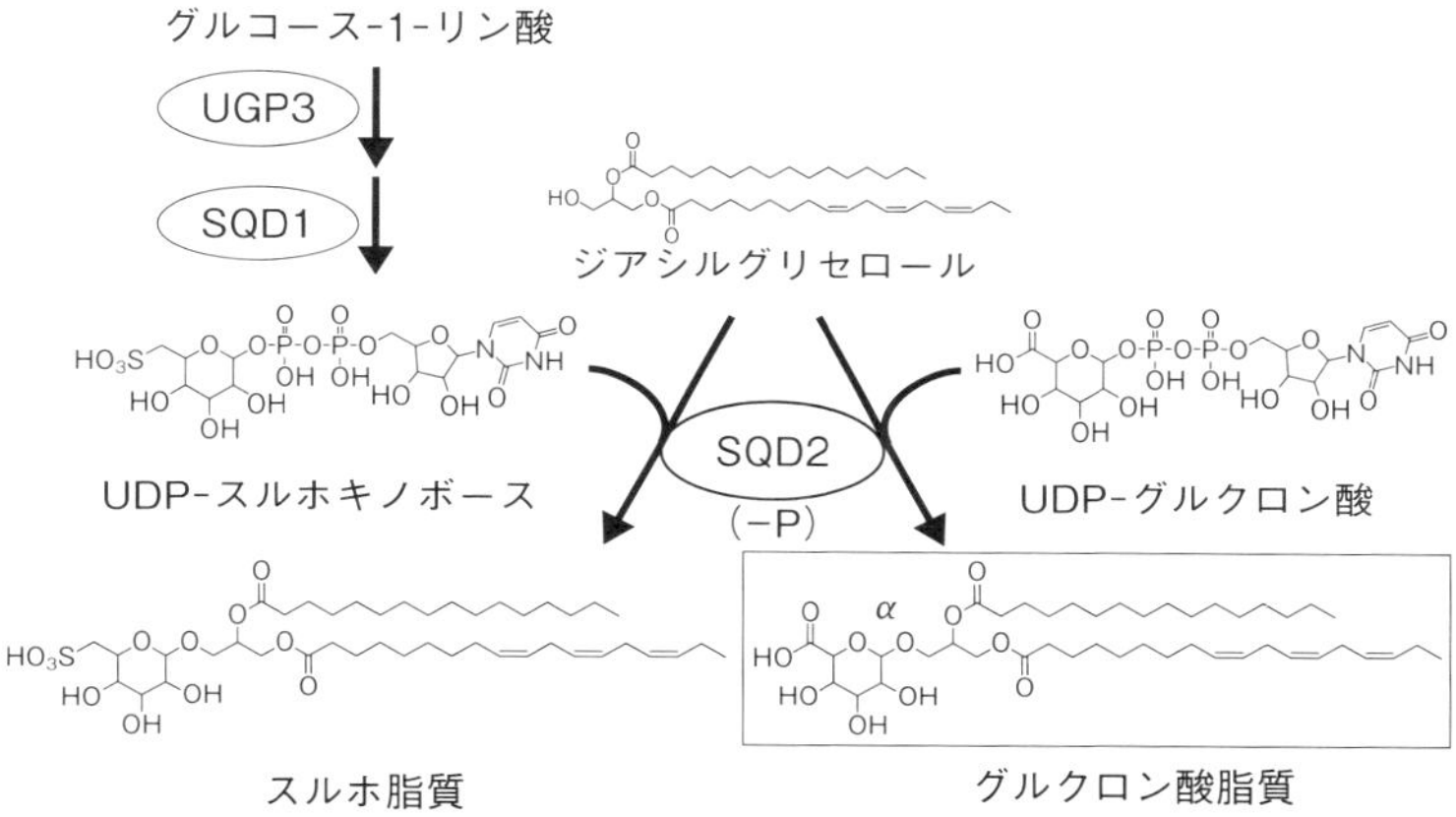

図5·5　シロイヌナズナにおけるスルホ脂質とグルクロン酸脂質の生合成経路
（原図：岡咲洋三）

たが、植物での報告はありませんでした。スルホ脂質もグルクロン酸脂質も、共に酸性糖脂質ですので、これらはリン欠乏に応答して分解され、含有量が低下したリン脂質の機能を補完するものと考えられます。

グルクロン酸脂質の生合成に必須な遺伝子の同定

グルクロン酸脂質とスルホ脂質は、その構成脂肪酸の組成も非常に似ていることから、極めて類似した経路で生合成されると考えられました。そこで、スルホ脂質の生合成に関与することがわかっている三つの遺伝子（*UGP3*、*SQD1*、*SQD2*）（図5・5）が、それぞれ欠損したシロイヌナズナの変異体を、リン欠乏培地で栽培し、ＬＣ-ＭＳによる脂質メタボローム解析を行いました。

その結果、*UGP3* または *SQD1* が欠損した変異体では、スルホ脂質は蓄積しなくなりましたが、グルクロン酸脂質の蓄積は野生型の植物に比べて約1.5倍になりました。しかし、*SQD2* 遺伝子が欠損した変異体では、スルホ脂質が蓄積しなくなると同時に、グルクロン酸脂質も全く蓄積しませんでした。これにより、リン欠乏下でシロイヌナズナは、SQD2酵素を利用してグルクロン酸脂質を生合成することが明らかになりました。もともと、SQD2酵素は、糖供与体であるUDP‐スルホキノボースから、スルホキノボース残基をジアシルグリセロールに転移し、スルホ脂質を作る最終ステップの酵素として2002年に発見されました。しかし、この新しい研究で、SQD2酵素はUDP‐スルホキノボースだけでなくUDP‐グルクロン酸をも糖供与体として用いて、グルクロン酸残基をジアシルグリセロールに転移し、グルクロン酸脂質を作る機能を有することがわかりました。

グルクロン酸脂質はリン欠乏ストレスの緩和機能を有する

また、リン欠乏下でのそれぞれの変異体の成育を観察してみると、*UGP3* または *SQD1* が欠損した変異体（スルホ脂質だけが蓄積せずグルクロン酸脂質は蓄積している）では、野生型と同様の成育を示しましたが、グルクロン酸脂質も蓄積できない *SQD2* 欠損変異体では、約

20日目で顕著な枯死が始まりました。このことは、グルクロン酸脂質がリン欠乏ストレスを緩和する機能を有していることを示しています[44][45]。

このスルホ脂質とグルクロン酸脂質を生合成する一連の酵素は、いずれも葉緑体に局在しています。シロイヌナズナは、リン欠乏に応答して葉緑体膜脂質を構成するリン脂質が分解、動員されることに伴って、リン脂質の機能を補完するためにスルホ脂質やグルクロン酸脂質を蓄積すると考えられます。

このような、リン欠乏に応答したグルクロン酸脂質の蓄積誘導は、シロイヌナズナに限らず、主要な作物である、イネ、ダイズ、トマトでも確認されました。同時に、これらの作物における *SQD2* 遺伝子の発現も、リン欠乏に応答して上昇することも認められました。これは、グルクロン酸脂質の生合成は、多くの植物でリン欠乏に応答して誘導され、広く植物全般でリン欠乏という栄養ストレスの緩和に役立っていることを示唆しています。

リンは植物の成長にとって重要な栄養素です。この作物の肥料の原料となるリン鉱石は、枯渇が危惧されており、リン欠乏は将来の農業にとって重要な課題です。また、良質のリン鉱石は一部の国に偏在しており、レアメタルなどと同様に各国の戦略的資源ともいわれています。グルクロン酸脂質や *SQD2* 遺伝子を利用して、リン欠乏ストレスを克服することにより、将来の農業で危惧されるリン欠乏下でも、十分に成育可能な作物を作り出せる可能性があります。

4 シロイヌナズナの高温耐性に寄与するリパーゼ遺伝子

近年の地球の人口増加と、それに伴う化石燃料の消費によって、温室効果ガスである二酸化炭素濃度が上昇し、それによって引き起こされる地球温暖化が大きな問題になっています（コラム1参照）。この地球温暖化によって植物は高温ストレスにさらされ、その結果、作物の減収などがより深刻になりつつあります。

一方、植物は気温、乾燥、塩害などによる環境ストレスを受けると、生体膜の脂質組成を変化させて環境に適応しようとします。従って、脂質メタボローム解析と、網羅的な遺伝子発現（トランスクリプトーム）解析を組み合わせて、高温ストレスに応答する新たな知見を得ることができます。

高温ストレスに応答したグリセロ脂質の組成変動

シロイヌナズナを通常（22℃）より高い温度（38℃）で1日間栽培し、ロゼット葉における脂質組成の変動を検討しました。それによると、葉緑体膜を構成するグリセロ糖脂質のうち、ポリ不飽和脂肪酸であるリノレン酸（18:3）とヘキサデカトリエン酸（16:3）を含む分子種が、高温ストレスによって速やかに減少することがわかりました。同時に、貯蔵脂質であるトリアシルグリセロール（TAG）のなかで、18:3脂肪酸が三つ結合した分子種（54:9-TAG）が多く蓄積される傾向が観察されました。これらの結果から、高温ストレスによって、18:3などの不飽和脂肪酸が葉緑体膜脂質から切り出されて、貯蔵脂質であるトリアシルグリセロールに蓄えられることが示唆されました[46]。

高温ストレスの緩和に寄与する新規遺伝子 *HIL1*

高温下におかれたシロイヌナズナ葉のトランスクリプトームをもとに、高温ストレスで発現が誘導され、そのタンパク質が葉緑体に局在し、グリセロ脂質を加水分解するリパーゼをコードする新規遺伝子（*Heat Inducible Lipase 1*：*HIL1* と命名）に注目しました[47]。*HIL1* 遺伝子が欠損したT-DNAタグ挿入変異体（*hil1* 変異体）の脂質メタボローム解析を行ったところ、高温ストレスによって引き起こされる18:3不飽和脂肪酸を含む脂質分子種の蓄積変化が、*hil1* 変異体では正常に行われないことがわかりました。すなわち、*hil1* 変異体においては、葉緑体膜を構成する糖脂質の34:6（18:3と16:3の不飽和脂肪酸から構成される）—モノガラクトシルジアシルグリセロール（MGDG）の高温ストレスで見られる蓄積量減少が部分的に阻害されました。同時に、*hil1* 変異体では、貯蔵脂質である54:9（3個の18:3不飽和脂肪酸で構成される）—トリアシルグリセロールの蓄

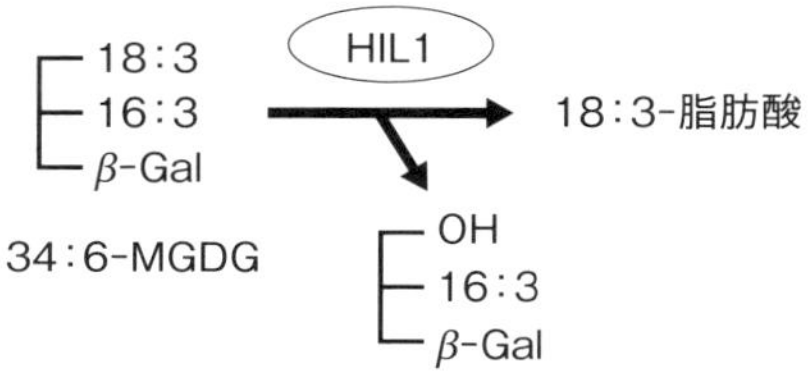

図5･6　HIL1タンパク質は高温ストレス下で葉緑体においてMGDGから18:3不飽和脂肪酸を切り出す活性を有する

積量増加も部分的に阻害されました。

さらに、大腸菌で発現させたＨＩＬ１タンパク質は、18:3などの不飽和脂肪酸を含むＭＧＤＧを分解する活性を示しました（図5・6）。一方で、貯蔵型脂質であるトリアシルグリセロールや他の脂質群を分解する活性は著しく低いことがわかりました。

また、*hil1* 変異体は通常温度の栽培条件下の成育では野生型との差は見られませんでしたが、高温ストレスに対してはより高い温度感受性を示し成育が阻害されました（口絵④）。このことは、ＨＩＬ１タンパク質が植物の高温ストレスを緩和する機能を有していることを示しています。

以上から、シロイヌナズナの *HIL1* 遺伝子は葉緑体局在型のリパーゼをコードし、高温ストレスによって葉で発現が誘導され、不飽和脂肪酸を含む葉緑体膜脂質のリモデリング（再編成）に関与して、高温ストレス緩和に寄与していることが示されました[47]。

シロイヌナズナで同定された *HIL1* リパーゼ遺伝子と相同配列を有し、同じような発現パターンを示す遺伝子は、イネ、コムギ、トウモロコシ、ダイズ、トマトなど主要作物にも広く存在しています。これらの相同遺伝子が、シロイヌナズナの *HIL1* 遺伝子と同じように作物でも高温ストレスの緩和に関与していると予想されます。将来、これらの*HIL1*遺伝子を用いて高温耐性能を強化し、地球温暖化の悪影響による作物の減収を克服できる優良品種作出につながる可能性があります。

5 シロイヌナズナ研究の利点と限界

この章ではモデル植物であるシロイヌナズナを用いて、メタボロミクスを中心にしたゲノム機能科学について述べました。メタボロミクスなどのトランス（あるいはマルチ）オミクス手法が、植物代謝を理解する上で、極めて有効で、必要不可欠なアプローチであることがわかって頂けたかと思います。

しかし、このシロイヌナズナでの成功は、モデル植物であるがためのいくつかの利点に依存していることを、知っておく必要があります。それらの利点を箇条書きすると以下のようになります。

・シロイヌナズナには直接の商業的な価値がないために、もっぱら基礎研究材料として、世界中の研究者が、基本的には無償で情報や研究材料を共有できる。

・ゲノム配列が最初に決定されたため、そのゲノム配列から推定された全遺伝子という、有限個の遺伝子数の中で考えることができる。

・自然変異体コレクション、ほぼ全遺伝子の挿入変異体パネル、完全長ｃＤＮＡコレクション、アクティベーションタグラインなどの、逆遺伝学研究に必要な研究リソースが揃えられ、ウェブ公開されている。

・遺伝子アノテーション、代謝マップ、トランスクリプトーム・プロテオーム・メタボロームなどのオミクスデータがウェブ公開されている。

シロイヌナズナの研究では、これらの公共的な研究リソースを縦横無尽に用いて、世界中の研究者が、それらから得られた研究成果をいち早く公開して情報共有が進み、効率的に研究を進めることができます。

さらに重要な点は、モデル植物のシロイヌナズナで得られた知見は、かなりの部分で重要な作物など他の植物種にも適用可能であろう、という経験的な事実です。これは、例えば大腸菌などで解明された生命の基本的な分子生物学的原理が、おおむね動植物を含む他の生物にも適用可能であるという事実の、植物界内でのアナロジー（類比）です。特に、広く植物に共通な発生、成長、分化、生殖、遺伝、ストレス応答、植物ホルモンなどの分子生物学的なメカニズムは、シロイヌナズナでの原理が多くの場合、他の植物種にも適用可能です。また、物質代謝についても、光合成やエネルギー代謝などの一次代謝については，ほとんどの植物種で同じ代謝経路やメカニズムで働いていると考えられ，シロイヌナズナで得られた知見は他の植物にも適用できると考えられます。

しかし，植物種ごとに多様な代謝産物を生産することがその本質である二次代謝（特異的代謝）については，当然のことながら，シロイヌナズナで得られた知見を，直ちに他の植物種に適用することはできません。もちろん，シロイヌナズナと同じアブラナ科植物の二次代謝には，シロイヌナズナで解明された代謝経路や，遺伝子・タンパク質・代謝産物，制御機構をモデルとして，確度の高い仮説を設定することが可能です。しかし，多くの遠縁の植物種の二次代謝や，作物や薬用植物に特徴的な代謝やその産物については，個別の植物種でそれぞれの多様な代謝系について個別に研究することが必須です。このように，研究目的の代謝系には多様性がありますが，シロイヌナズナの研究で用いられたゲノム機能科学の研究手法そのものは，基本的に他の植物種での研究にも適用できます。

次章では，シロイヌナズナ研究で用いられ，成功を収めたゲノム機能科学の手法を，どのように応用して，作物や薬用植物での代謝機能を解明するかについて述べます。

６章　作物や薬用植物でのメタボロミクス

実用的な農作物や薬用植物で、それらの代謝産物に関するゲノム機能を決定することは、極めて重要です。特に、農作物の多くは、そこに含まれる栄養成分や健康機能成分が、それぞれの作物の実用的な価値を決定しています。また、薬用植物については、その植物に特異的に含まれている二次代謝成分が、薬としての価値を決めています。従って、メタボロミクスと、それを応用した代謝に関する遺伝子機能決定が、作物や薬用植物の農業応用・医薬応用にとって重要になります[48][49]。

本章では、主要な作物や薬用植物におけるメタボロミクスと、ゲノム機能科学について説明します。

1 イネ玄米のメタボロームQTLとメタボロームGWAS解析

お米は日本人に最もなじみの深い食品であり、人口密度の高いアジア諸国では主食の地位を獲得しており、世界人口の半分近くがお米を主食としています。イネに限らず植物の形質は、単一遺伝子の遺伝型で決定される質的形質と、複数の量的形質遺伝子座（Quantitative Trait Locus：QTL）が組み合わさって決定される量的形質があります。お米のおいしさや、機能性成分などの、複雑な形質の多くは、量的形質と予想されます。

メタボロームQTLの解析

QTLを決定するためには、形質の異なる2種類の遺伝系統のゲノム領域が、ゲノム上で組換えられた多くの交雑系統を用意して、それら組換え体の形質を解析することが必要です。イネのササニシキ品種と、ハバタキ品種の交配により作出された、戻し交雑自殖系統の85系統を、2年間栽培し、それぞれの年に収穫したイネ玄米をメタボローム解析しました（図6・1）[50][51]。様々な代謝産物をできるだけ網羅性高く解析するために、GC-MSによる一次代謝産物、LC-MSによる二次代謝産物、LC-MSによる脂質成分、CE-MSによるイオン性代謝産物、の4個の解析パイプラインを並行して稼働して、メタボローム解析を行いました。その結果、759代謝産物シグナルを得て、そのうち131シグナルについては確度の高い構造を推定しました。

代謝産物の含有量を支配している要因が主に遺伝なのか環境なのかを、2年間の栽培データから推定した結果、フラボノイドや脂質などは環境因子よりも遺伝的因子の寄与が高いことがわかりました。逆に、糖やアミノ酸などについては遺伝的因子の寄与は低く、環境因子が大きく寄与していました。

さらに代謝産物シグナルデータを用いてQTL解析を行ったところ、代謝産物の含有量に関する801個のQTLを推定しました。イネゲノムには、代謝産物に関するQTLが密に見いだされる、ホットスポットがいくつか認められました。

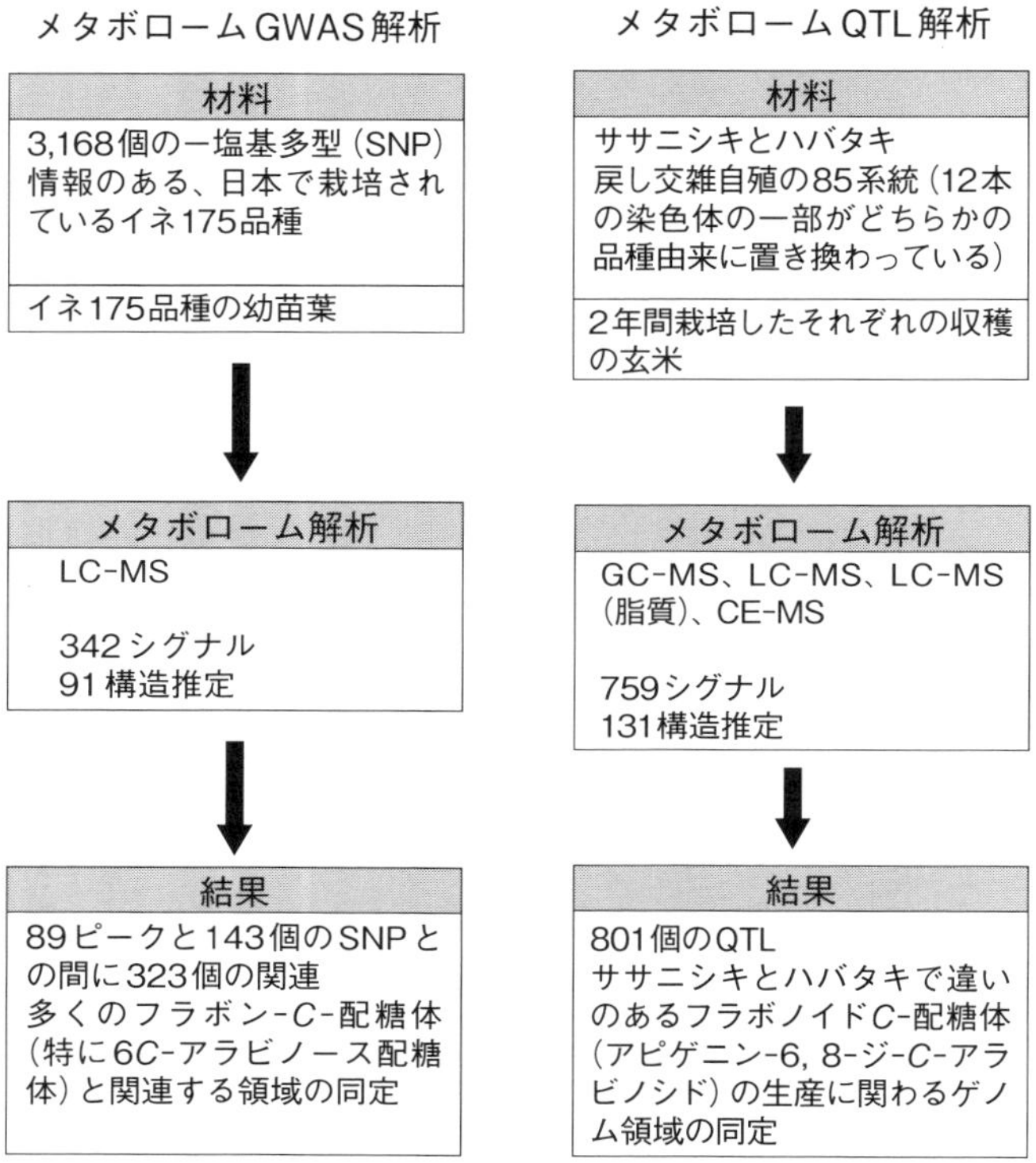
メタボロームGWAS解析
材料
3,168個の一塩基多型(SNP)情報のある、日本で栽培されているイネ175品種
イネ175品種の幼苗葉
メタボローム解析
LC-MS
342シグナル
91構造推定
結果
89ピークと143個のSNPとの間に323個の関連
多くのフラボン-*C*-配糖体(特に6*C*-アラビノース配糖体)と関連する領域の同定
メタボロームQTL解析
材料
ササニシキとハバタキ
戻し交雑自殖の85系統(12本の染色体の一部がどちらかの品種由来に置き換わっている)
2年間栽培したそれぞれの収穫の玄米
メタボローム解析
GC-MS、LC-MS、LC-MS(脂質)、CE-MS
759シグナル
131構造推定
結果
801個のQTL
ササニシキとハバタキで違いのあるフラボノイド*C*-配糖体(アピゲニン-6, 8-ジ-*C*-アラビノシド)の生産に関わるゲノム領域の同定

図6·1　イネの遺伝系統を用いたメタボロームQTL、メタボロームGWASなどのゲノムワイドなメタボロミクス研究

また、これらのＱＴＬ解析によって、特定代謝産物の生産に関する遺伝子を絞り込むことができました。抗酸化活性を有する特定のフラボノイド *C*- 配糖体（アピゲニン-6,8- ジ - *C* - アラビノシド）は、多収性のインディカ米であるハバタキには蓄積しますが、日本産のジャポニカ米であるササニシキには含まれないことが示されました。ＱＴＬ解析の結果、この成分の蓄積に関わるゲノム領域をイネ第６染色体上に同定しました。さらにササニシキのこの領域をハバタキの領域と置換したラインの詳細な解析や、他のジャポニカ米、インディカ米の解析などから、このフラボノイドの蓄積に関わるゲノム領域を狭めることができました。この狭められた領域には機能未同定の *C*- 配糖化酵素遺伝子が座乗しており、アピゲニン-6,8- ジ - *C* - アラビノシド生産を決定する原因遺伝子と推定されます。

メタボロームＧＷＡＳ解析

イネゲノム情報を活用した代謝研究として、メタボロームゲノムワイド関連解析（Metabolome-Genome-Wide Association Study: ｍＧＷＡＳ）の例もお話しします（図６・１）[52]。農林水産省の研究で、日本で栽培されているイネ１７５品種について３１６８個の一塩基多型（ＳＮＰ）情報が公開されていました。そこで、このイネ１７５品種の幼苗葉について、ＬＣ - ＭＳによるメタボローム解析を行い、３４２個の代謝物ピーク（アミノ酸など一部の一次代謝産物とフラボ

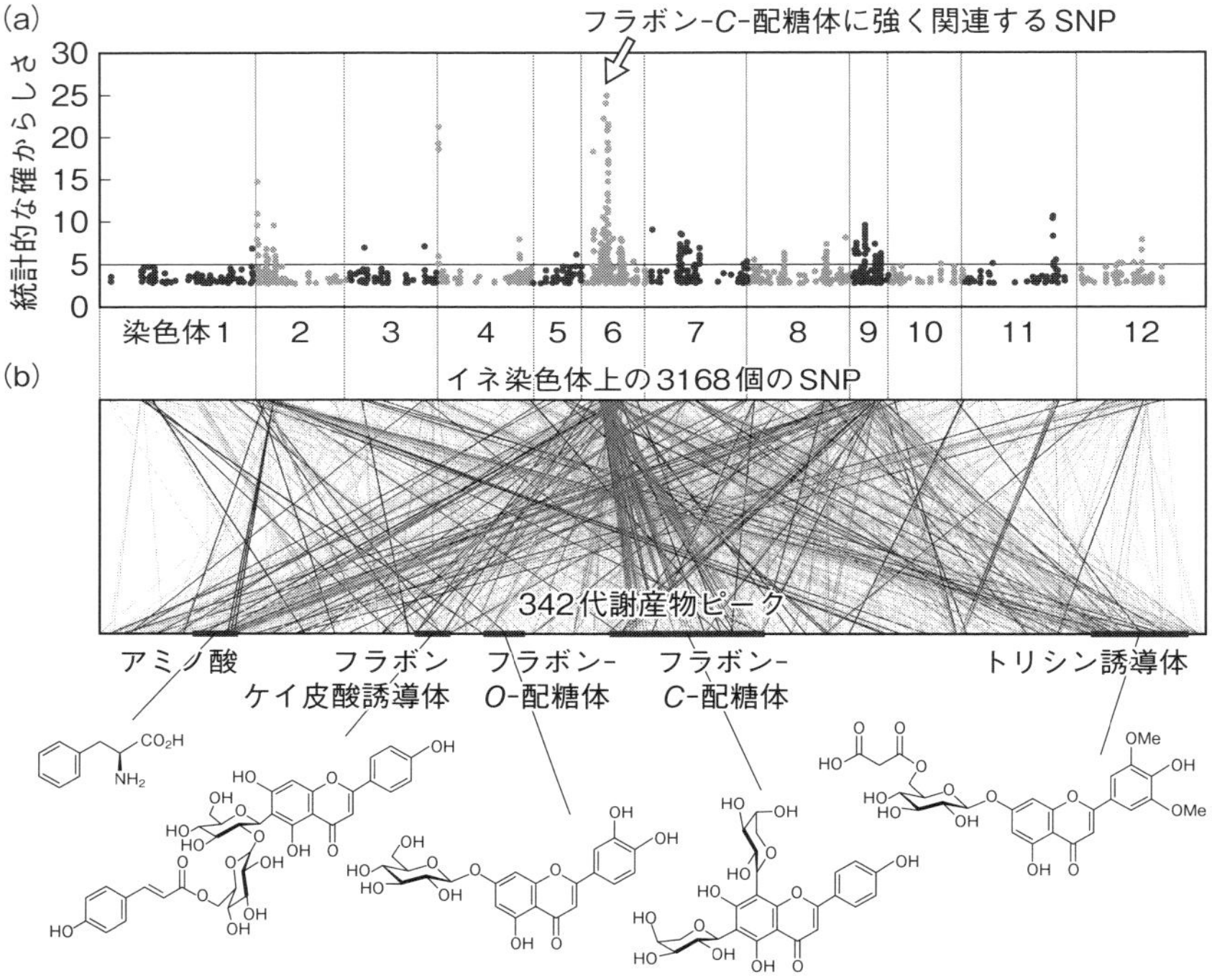

図6·2　イネ175品種の二次代謝産物に注目したメタボロームゲノムワイド関連解析（mGWAS）

(a) 3168個のSNPデータを用いたmGWAS、横軸はイネ染色体上のSNPの位置を示し、縦軸は代謝産物ピークと関連の見つかったSNPの統計的確からしさを示す。

(b) イネゲノム上のSNP（上段）と342代謝産物（下段）の関連。89の代謝産物ピークと143個のSNPとの間に323個の関連を見いだした。例えば、フラボン-*C*-配糖体は6番染色体上のSNPの遺伝型に強く影響を受ける。

([52]から改変。原図：松田史生)

ノイドなど多くの二次代謝産物）を検出し、そのうち91ピークの構造を推定しました。

これらの代謝産物ピークとＳＮＰとの関連を解析すると、89代謝産物ピークと１４３個のＳＮＰとの間に、３２３個の統計的に有意な関連が認められました。複数の代謝産物と関連する、いわゆる、ホットスポットのＳＮＰも見いだすことができました。とりわけ、第６染色体の短腕に存在する一つのＳＮＰは、多くのフラボン-*C*-配糖体（特に６*C*-アラビノース配糖体）と関連がありました。このＳＮＰの近傍には、複数のＵＤＰ-糖依存性の配糖化酵素遺伝子が分布しており、これらがフラボン骨格に対して、６*C*-アラビノース配糖化する反応に寄与していると考えられます（図６・２）。

このように、イネの品種や交雑体のゲノム多型情報と、メタボローム情報を組み合わせることで、新しい遺伝子やゲノム領域を同定することが可能です。さらに、これらのゲノム領域を有し、健康機能性の高い代謝産物を増量したイネを、遺伝子組換え技術によらず、効率的な交配により育種できると期待されます。

2　メタボロミクスによる遺伝子組換え作物の評価

食用に用いる遺伝子組換え作物（Genetically Modified Organism：ＧＭＯ）の安全性について

は、多くの一般の方々の関心事です。この問題に対して、客観的な視点から科学的データを提供することは科学者の重要な責務です。特に、メタボローム解析は、遺伝子組換え作物など、解析の対象生物に含まれる低分子化学成分について、網羅的で客観的なデータを提供するので、遺伝子組換え作物の化学成分評価に有用です。

遺伝子組換え作物についてのメタボローム評価については多くの研究例がありますが、ここでは最初に遺伝子組換えトマトについての例を説明します[53]。

筑波大学の研究で、酸味を甘みに変える作用をもつ、ミラクリン（西アフリカ原産のミラクルフルーツに含まれる糖タンパク質）を作る遺伝子を導入した、遺伝子組換えトマト（ミラクリントマト）が作製されました。このミラクリントマトについて、メタボローム評価を行いました。

植物材料としては、複数世代を重ねた独立した2個のミラクリン遺伝子導入組換え体系統、そのミラクリン遺伝子の導入発現に用いた非組換え親品種（マネーメーカー）と、マネーメーカー以外の5種の非組換えトマト品種を用いました。これらの合計8個の異なる遺伝系統を、できる限り均一な土壌および水耕栽培条件で栽培し、まだ緑の未熟果実、および食べ頃の完熟果実について、合計3年間のデータを取りました。

メタボロームデータの取得は、カバーする代謝産物の網羅性をできるだけ向上させるため、GC-MS、LC-MS、CE-MSの3種類の高性能質量分析計を並行に用いました。その結果、今回実際に検出した代謝産物群と、データベースに登録されているトマトの全代謝産物群について、化合物の物理化学的性質を用いて統計的に網羅性を推定すると、このメタボローム解析で検出された化学成分は、トマト全代謝産物のうち86％をカバーしていることが示されました。

遺伝子組換え体のメタボロームにおける実質的同等性（既存のものと同等と見なし得る性質）を議論するために、トマト果実のメタボローム全体を決定する因子は何が大きいのか？ミラクリントマトにおける外来遺伝子の影響はどの程度なのか？などを客観的に評価しなければなりません。

このミラクリントマトでは、メタボロームデータを用いた主成分分析の結果、メタボロームプロファイル全体に最も大きく寄与する因子は成熟段階の違いであり、これに起因する第一主成分は28％に達していました。次に、6品種の違いに起因する因子が寄与していました。遺伝子組換えに用いた親品種（マネーメーカー）と、他の5種のトマト品種におけるメタボロームの統計的な類似性は、平均して70％程度でした。一方、ミラクリン遺伝子を導入発現した2個の組換え体系統と親品種のメタボロームの類似性は、二つの成熟段階の果実で共に92％以上（平均約94％）の高い値を示しました。

さらに、OPLS‐DA解析（Orthogonal Partial Least Squares - Discrimination Analysis）（多変量解析による判別分析の一つ）によって、8個の異なる遺伝型のトマトのメタボロームデータを用いて、どの程度正確に元の遺伝型を予測できるかを混同行列（Confusion Matrix）によって評価してみました。６種のトマト品種間ではメタボロームデータから極めて正確にその品種を推定できますが、２系統のミラクリントマトとその親品種では元の遺伝型を推定することはできませんでした。つまり、遺伝子組換え体は元の品種と比べて統計的にも区別できないほど、そのメタボロームが同じであったことを示しています。

次に、このメタボロミクスによる実質的同等性の評価手法を、除草剤耐性を付与した遺伝子組換え体を含む、ダイズ種子の解析にも応用しました[54]。これらは35年にわたって育種されたダイズ品種です。この研究では、前述の三つのメタボロミクス解析プラットフォームに加え、誘導結合プラズマ質量分析（Inductively Coupled Plasma-Mass Spectrometry：ＩＣＰ-ＭＳ）を用いた金属イオン（イオノミクス）も測定項目に加えることにより、解析の網羅性が向上しました。この解析プラットフォームを用いて、従来育種による6系統と遺伝子組換えの3系統を、環境の異なる2か所の圃場で栽培収穫した種子についてデータを取得しました。その結果、トマトの場合と同じように、育種系統や栽培圃場による違いの方が、外来遺伝子の導入による違いよりも、統計的により大きくなりました。

このようなメタボロミクスによる客観的な評価手法は、遺伝子組換えだけでなく、従来育種や環境因子に起因する作物や食品中の化学成分の、実質的同等性の評価に応用できます。

3　ジャガイモの毒性ステロイドアルカロイド

ジャガイモの芽や緑になった皮には、α-ソラニン、α-チャコニンなどの有毒なステロイドアルカロイドが含まれています。毎年のように、この毒成分によるジャガイモの食中毒が報告されており、この毒性アルカロイドの含有量を減らすことは育種において大きな課題です。

このステロイドアルカロイドは、コレステロールを中間体として生合成されますが、植物に含まれるコレステロールは含有量も少なく、その生成機構はよくわかっていませんでした。そこで、ヒトのコレステロール生合成に関わる鍵酵素であるデスモステロール24（25）位還元酵素遺伝子配列を用いて、似た配列を有する遺伝子を検索しました。その結果、ジャガイモとトマトの遺伝子データベースの中に、二つのステロール側鎖還元酵素遺伝子（*Sterol Side chain Reductase1* および *2*：*SSR1* および *SSR2*）が見いだされました。

組換え酵母を用いてこれらの二つの遺伝子の機能を調べたところ、*SSR1* は植物ホルモンであるブラシノライドの生合成に関わるメチレン側鎖24（28）位還元酵素をコードし、すべての植物に存在する遺伝子であることがわかりました（図6・3）。これに対して、*SSR2* はジャガイモやトマトなどのナス科植物に特有に存在し、コレステロール生合成に関わるデスモステロールやシクロアルテノールの24（25）位還元酵素であることが証明されました［55］。

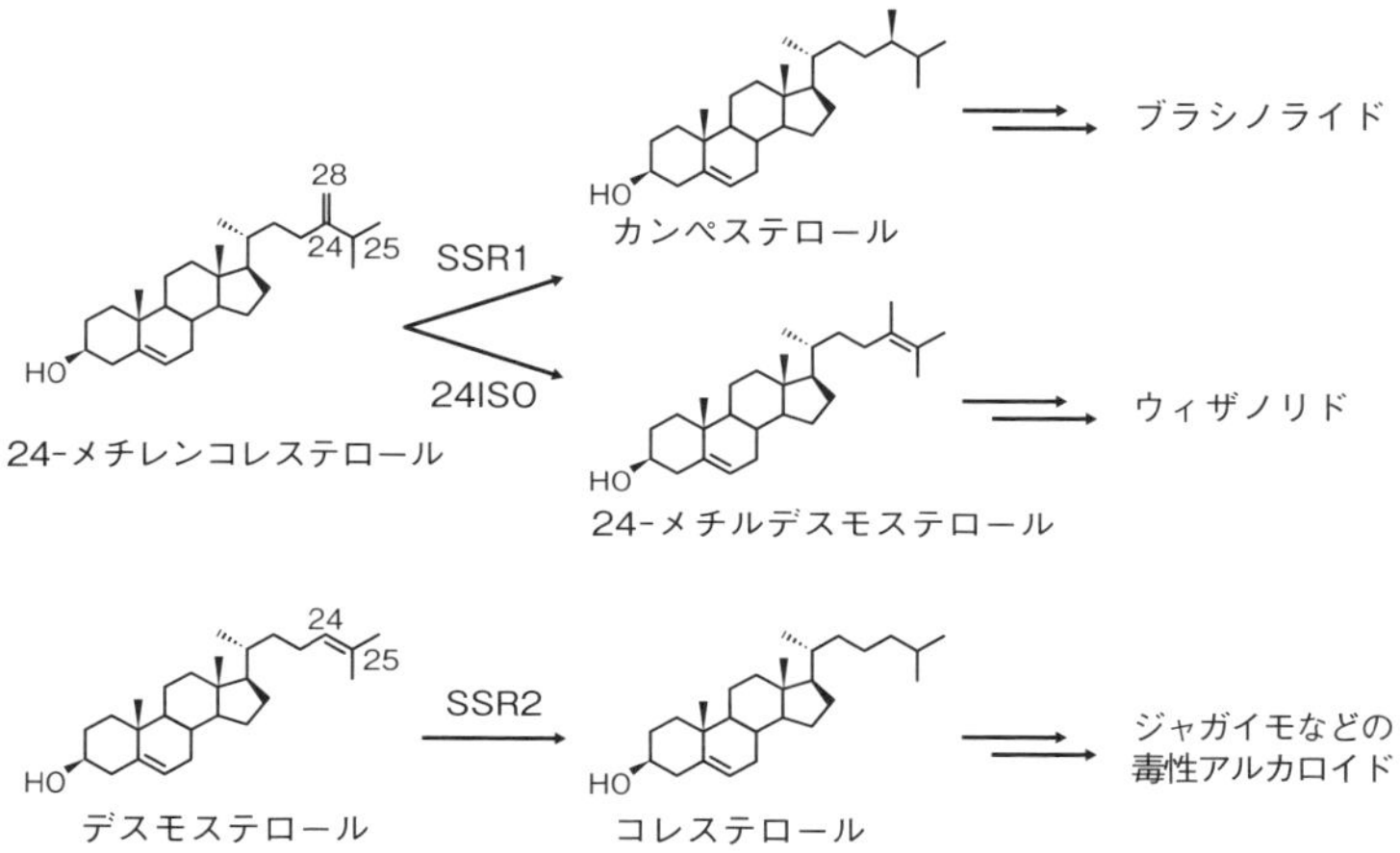

図6·3　植物ステロイドの側鎖修飾酵素と最終生成物

さらに、このジャガイモの*SSR2*遺伝子をRNA干渉法で抑制したり、ゲノム編集の手法であるTALEN（Transcription Activator-Like Effector Nuclease）法によって破壊した組換えジャガイモでは、毒性アルカロイドが著しく減少していました。これらのジャガイモ植物でのデータと、酵母で発現させた組換えタンパク質の機能解析の結果から、*SSR2*遺伝子が、毒性アルカロイド生合成の鍵ステップに関与していることが明らかになりました。こうして同定した*SSR2*遺伝子を標的として、有毒成分の少ないジャガイモを分子育種できる道が拓かれました。

4　インドの伝統医薬アシュワガンダの活性ステロイド成分

３０００年といわれる長い歴史をもつインド伝統のアーユルベーダ生薬の一つである、アシュワガンダ（ASHWAGANDHA、基原植物（生薬のもととなる植物）はナス科植物 *Withania somnifera*）（口絵⑤）は、健康長寿に有効とされています。また、現代的な研究からも、アシュワガンダには抗炎症作用による慢性病の改善や、アルツハイマー病に伴う病斑を快復する効果が報告されています。この薬効成分として考えられているのが、ステロイド系化合物群であるウィザノリド類です。ウィザノリド類は主にナス科植物に含まれ、現在までに約６００種の天然化合物が知られています。

そこで、ウィザノリド類を蓄積するアシュワガンダやホオズキのトランスクリプトームデータを詳しく解析したところ、前述のジャガイモやトマトの*SSR1*、*SSR2*と相同性を示す第3の遺伝子が発見されました。この新しい遺伝子の植物種における存在や組織別の発現は、ウィザノリド類や中間体である24-メチルデスモステロールの蓄積とよく一致していました。この遺伝子産物は、通常の植物ステロール経路から、ウィザノリド類生合成への枝分かれ反応を触媒する、24位二重結合異性化酵素をコードすることが、組換え酵母の実験から明らかになりました。そこで、この新しい酵素をステロールΔ^{24}-異性化酵素（24ＩＳＯ）と名付けました（図６・３）[56]。

次に、ベンサミアナタバコの葉で*24 ISO*遺伝子を一過的に発現させたところ、生成物である24‐メチルデスモステロールの蓄積が確認されました。さらに、アシュワガンダにおいてウイルス誘導性遺伝子サイレンシング法で、*24 ISO*遺伝子の発現を抑制したところ、生合成中間体である24‐メチルデスモステロールと、最終産物ウィザフェリンA（ウィザノリド類の一種）の蓄積が著しく低下しました。これらの結果から、この遺伝子がウィザノリド類生合成に関与していることが証明されました。

植物ステロイドの24位の二重結合は、その構造多様性において重要な役割を果たしています。ステロイド系植物ホルモンであるブラシノライド生合成に必要な*SSR1*遺伝子が、植物一般に広く存在する祖先型の遺伝子と考えられ、この遺伝子が進化して、ジャガイモなどの毒性ステロイドアルカロイド生合成に関わる二つ目の*SSR2*遺伝子が、一部のナス科植物に生成したと考えられます。さらに、ウィザノリド類生合成に関わる*24 ISO*遺伝子は、*SSR2*遺伝子から進化したと考えられますが、*SSR2*酵素が24位の二重結合の還元を触媒するのに対し、24 ISO酵素は二重結合の異性化を触媒します。

ウィザノリド類を特徴づける構造は、そのステロイド側鎖の24位二重結合ですので、この部分構造はウィザノリドの薬効にも関係していると考えられます。従って、24 ISOはウィザノリド類を特徴づける生合成上の鍵酵素と考えられます。この新規遺伝子*24 ISO*の同定は、ウィザ

110

ノリド類生合成の分子的解明と将来の合成生物学的応用に繋がる発見です。

5　甘草におけるグリチルリチン生合成：甘い豆の話

マメ科植物の甘草《かんぞう》は、7割以上の漢方処方に配合される最も重要な同名の生薬の基原植物です。主成分はグリチルリチンというトリテルペノイドサポニンの一種で、砂糖の150倍もの甘味を有します。従って、甘草エキスやグリチルリチンは抗炎症作用、肝炎治療作用を有する医薬品として用いられる他、天然甘味料として食品などにも多く用いられています。

甘草は、中国東北部からスペインまでのユーラシア大陸中央部に自生し、そこが産地となっています。日本には自生せず、そのため供給はすべて輸入です。輸入元の6～7割をしめる中国において、国内需要の高まりや植物資源の枯渇、産地の砂漠化への危惧などにより輸出量規制が始まり、深刻な供給不足になりつつあります。そのため、バイオテクノロジーを用いたグリチルリチンの代替製造法の開発が期待されています。

グリチルリチンの構造からその生合成経路を推定すると、多くのトリテルペノイドサポニンの共通前駆体であるβ-アミリンの11位と30位が酸化されて、アグリコンであるグリチルレチン酸が生成し、さらに3位がグルクロン酸2分子によって配糖化される経路が最も合理的です（図6

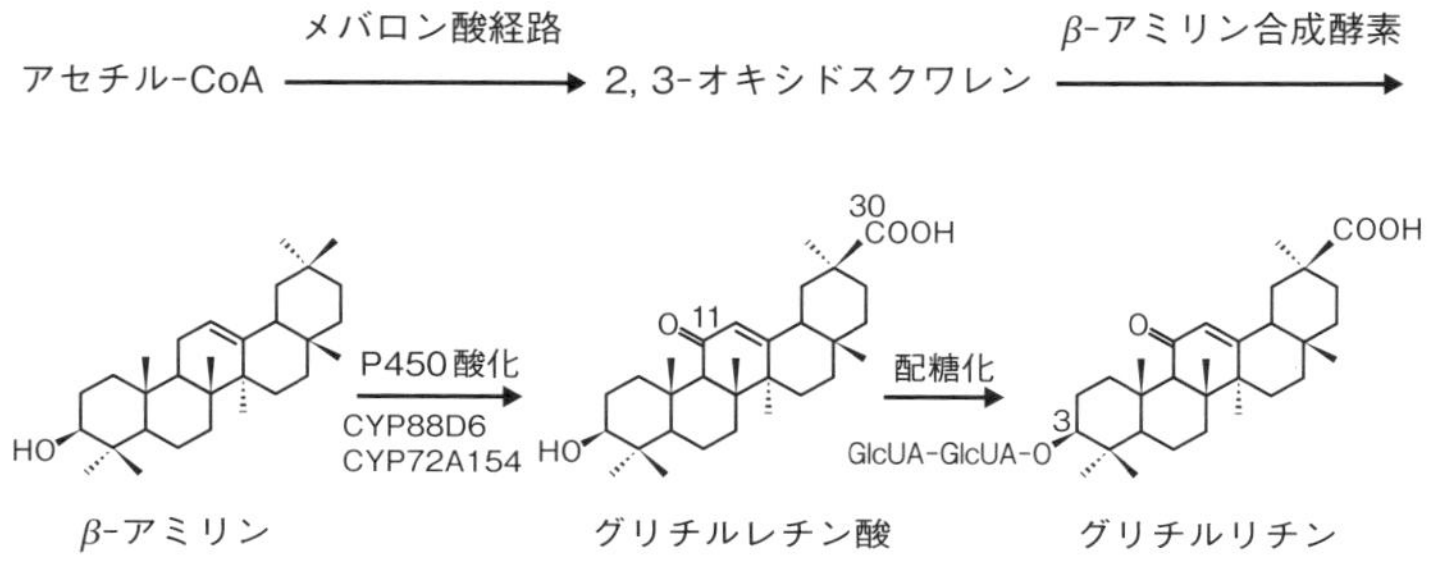

図6·4　甘草の甘味成分グリチルリチンの生合成

・4）。また、β-アミリンのように疎水性の高い基質を酸化する酵素として、シトクロムＰ４５０の関与が有力でした（コラム６参照）。

そこで、様々な甘草品種の異なる組織のトランスクリプトームデータを取得し、そこからシトクロムＰ４５０をコードする遺伝子を網羅的に抽出してきました。次に、これらのシトクロムＰ４５０遺伝子のなかで、その発現パターンがグリチルリチンの蓄積とよく一致する２個の遺伝子を、11位と30位の酸化反応を触媒する酵素の候補遺伝子として絞り込みました。

次に、これらの候補遺伝子を、β-アミリンを生産するように設計された組換え酵母で、それぞれ発現させました。その結果、CYP88D6と命名された酵素では、β-アミリンの11位酸化産物が得られ、CYP72A154と命名された酵素では、30位の酸化産物が得られました。さらに、これらの二つの遺伝子を同時に酵母で発現させますと、グリチルリチンのアグリコンであるグリチルレチン酸の生成が確認できました（図6・4）[57][58]。

このようにして、合成生物学的な手法で組換え技術を用いて、複数の遺伝子を組み合わせて、グリチルレチン酸の生合成経路を酵母の中に新たに作り出すことができます。実用化のためには、さらに生産量やコストなどの最適化が必要です。また、目的産物であるグリチルリチンの生産には、さらに2分子のグルクロン酸で配糖化する酵素遺伝子も必要ですが、合成生物学的な手法による甘草のグリチルリチン関連物質生産に向けて大きな一歩が踏み出されました。

さらに、漢方で最も上質とされるウラルカンゾウ（*Glycyrrhiza uralensis*）（口絵⑥）のドラフトゲノム配列も決定しました[59]。その結果、甘草の薬効成分の一つであるイソフラボノイド生合成に関わる3個の酵素遺伝子が、ゲノム上で遺伝子クラスターを形成していることがわかりました。この遺伝子クラスターは、ウラルカンゾウだけでなく他のマメ科植物ゲノムにおいても、約100kb～200kbにわたって遺伝子の並び方がよく保存されている領域中にありました。このように異なる種間でシンテニー（染色体上の物理的共局在性）を示すゲノム領域は、これらのマメ科植物における二次代謝産物として特徴的なイソフラボノイド生合成に関わる領域として、進化的に保存されているものと考えられます。

コラム6　植物二次代謝産物の生合成に関わる三つの酸素添加酵素

植物二次代謝産物の化学的多様性は、前駆体となるアセチル-ＣｏＡ、糖代謝の中間体、アミノ酸などの少数の単純な化合物から、基本となる炭素骨格の形成反応（ポリケチド、テルペノイド、フェニルプロパノイド、フラボノイド、アルカロイドなどの母核形成）と、それに引き続いて起こる基本骨格への修飾反応の組み合わせによって生じます。この骨格の修飾反応（テーラー反応、tailoring reaction）としては、酸素官能基の導入（酸素添加反応）とそれに引き続く配糖化などが、植物の二次代謝産物の生合成で頻繁に見られます。

この二次代謝における酸素添加反応に関わり、化学的多様性の大きな原因となっている主要な酵素は、３章で述べたように、植物ゲノムにおいて多様化したシトクロムＰ４５０です。しかし、実はこの他にも、二次代謝において酸素添加反応に関わる酵素がさらに2種類あります。

その一つは、2-オキソグルタル酸依存性ジオキシゲナーゼ（二酸素添加酵素）です。この酸素添加酵素は、核酸やプロリンなどのヒドロキシル化の他、テルペノイドやフラボノイド、アルカロイドの生合成過程にも関わっています[60]。シトクロムＰ４５０が膜に局在して、生合成初期段階の炭素骨格形成過程により生成した疎水性中間体をヒドロキシル化するのに対し、2-オキソグルタル酸依存性酵素は水溶性酵素で、Ｐ４５０に比べてより疎水性の低い基質をヒドロキシル化します。しかし、その区別は必ずしも明確ではなく、植物種によって同じ反応を別の酵素が行う場合もあります。例えば、フラバノンを脱水素してフラボンを生成するフラボン合成酵素は、主にパセリなどセリ科植物では2-オキソグルタル酸依存性ジオキシゲナーゼですが、それ以外の植物ではシトクロムP450がその実体です[61]。

三つ目の酵素は、フラビン含有モノオキシゲナーゼ（一酸素添加酵素）です。シトクロムP450、2-オキソグルタル酸依存性ジオキシゲナーゼとも、鉄原子に分子状酸素が配位して活性化されますが、フラビン含有モノオキシゲナーゼでは鉄原子ではなく、フラビンアデニンジヌクレオチド（FAD）が酸素分子を活性化して酸素添加反応が進みます。もともと、この酵素は哺乳動物の肝臓においてアミノ基を酸化する新しい薬物代謝酵素として発見され、発見者の名前をとって「ツィーグラー（Ziegler）酵素」と呼ばれていました。フラビン含有モノオキシゲナーゼは、一般には窒素、硫黄やリンに酸素を添加します。植物代謝においても、オーキシンの生合成、アブラナ科植物のグルコシノレートやニンニクなどのアリイン生合成における硫黄原子の酸化に関与しています[62]。

植物では、シトクロムP450と同じように、2-オキソグルタル酸依存性ジオキシゲナーゼやフラビン含有モノオキシゲナーゼも、遺伝子重複によって多くの遺伝子がゲノム中に存在し、それらに新しい機能が付与されて、様々な基質に対する特異的な酸素添加機能を発揮して、二次代謝産物の化学的多様性に寄与しています。

6 マメ科植物におけるキノリチジンアルカロイド生合成：苦い豆の話

アルカロイドは、その分子中に窒素原子を含む化合物群の総称です。その多くは特異的で強い生物活性を有しており、そのため医薬品やそのリード化合物（新薬開発の出発点となる候補化合物）として多く用いられる物質群です。全植物種のうち約20％の種が、アルカロイドを蓄積すると推定されています。その主な役割は、特異的で強い生物活性に起因する、外敵に対する防御作用であると考えられています。

キノリチジン骨格を有するキノリチジンアルカロイドは、数百種類が知られており、特にマメ科植物の多くに含まれています。例えば、苦参《くじん》という生薬はマメ科の薬用植物クララ（*Sophora flavescens*）（口絵⑦）の根ですが、その主要薬理成分はマトリンというキノリチジンアルカロイドの一種です（コラム7参照）。その他にもルピナス（ハウチワマメ）属植物、例えば、ホソバルピナス（*Lupinus angustifolius*）や、センダイハギ属植物、例えば、センダイハギ（*Thermopsis lupinoides*）にも、ルピニン、ルパニン、シチジンなどのキノリチジンアルカロイドが主要成分として含まれています。

キノリチジンアルカロイドは、アミノ酸のリシンが脱炭酸して生成した炭素5個のカダベリンが、2分子または3分子重合することにより生合成されることが、放射性同位元素標識前駆体を用いたトレーサー実験から明らかにされました。その後、酵素や遺伝子レベルでの生合成研究が盛んになりましたが、そのすべての生合成ステップと、それに関わる酵素や制御因子が同定されているわけではありません。

生合成遺伝子探索の初期には、精製タンパク質からｃＤＮＡを単離する方法しかありませんでした。つまり、アルカロイド生産植物の粗酵素タンパク質画分に酵素活性を検出することから始まり、単一タンパク質になるまで酵素を精製し[63]、次にその酵素タンパク質のアミノ酸配列を決定して、その配列を元にして設計した合成オリゴヌクレオチドを用いて、ｃＤＮＡライブラリーをスクリーニングして遺伝子を単離する方法です。このようにして、エステル型アルカロイド生合成の最終段階を触媒する、アルカロイドアシル転移酵素の遺伝子をクローン化することができました[64]。しかし、この方法では、そもそも粗酵素画分に活性が検出されなければ、研究は前に進みませんし、酵素活性を保ったまま精製することも、大変な時間と労力と運が必要でした。

そこで、分子生物学的な手法による遺伝子単離を試みました。まず、育種によって得られたアルカロイド含量が極めて少ないホソバルピナスの「スイート品種」と、通常レベルのアルカロイドを含む「ビター品種」を用いて、「ビター品種」では発現するが「スイート品種」では発現しない遺伝子群を網羅的に同定しました。これらの「ビター品種」特異的に発現している遺伝子群の中に、生合成経路の最初のステップである、前駆体アミノ酸のリシンからカダベリンへの脱炭

図6・5 L-リシンに由来するキノリチジンアルカロイド生合成の最初の反応をリシン脱炭酸酵素（LDC）が触媒する

酸反応を触媒する、リシン脱炭酸酵素（LDC）遺伝子を同定しました（図6・5）[65]。

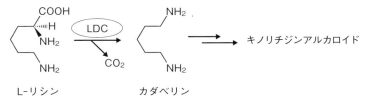

この脱炭酸酵素は、リシンに比べて炭素が一つ少ないオルニチンを脱炭酸する一次代謝酵素である、オルニチン脱炭酸酵素から進化したものです。実際に、オルニチンとリシンの両方が、ほぼ同じ効率でこの新しい脱炭酸酵素の基質となります。しかし、アルカロイド生産植物の中では、オルニチンに比べてリシンが約50倍も多く含まれているため、実質的にはリシン脱炭酸酵素として働いています。

また、オルニチンだけを基質とする一次代謝酵素のオルニチン脱炭酸酵素と、リシンをも基質としてアルカロイド生合成に関わるリシン／オルニチン脱炭酸酵素を比較すると、脱炭酸反応の活性中心ポケットを形成する1アミノ酸残基が、重要な役割を果たしていることがわかりました。このアミノ酸残基は、オルニチン脱炭酸酵素ではヒスチジンですが、リシン／オルニチン脱炭酸酵素ではフェニルアラニンに変異しています。この変異によって活性中心ポケットが大きくなり、オルニチンだけでなく、1炭素原子分大きい、リシンをも基質として取り込んで、脱炭酸できるように変異したと考えられます[65]。

リシンが脱炭酸して生成するカダベリンを前駆体として生合成されるアルカロイドは、マメ科植物のキノリチジンアルカロイドに限らず、シダ植物のヒカゲノカズラ科植物 *Lycopodium* 属や *Huperzia* 属植物にも、リコポディウムアルカロイドとして多く含まれています。そこで、これらのリシン由来アルカロイドを含有するヒカゲノカズラ（*L. clavatum*）や、トウゲシバ（*H. serrata*）のリシン／オルニチン脱炭酸酵素を調べました。すると、これらの植物の酵素において、リシンを基質とするために、上記の重要な1アミノ酸残基がヒスチジンからチロシンに置換し、新たにリシン脱炭酸活性をもつように変異していました[66]。

このように、極めて遠縁のマメ科植物と、シダ植物に属するヒカゲノカズラ科植物において、カダベリンを前駆体とするアルカロイドを生産すべく、リシン／オルニチン脱炭酸酵素中の、活性中心ポケットを形成する同じアミノ酸残基がヒスチジンから、芳香族アミノ酸であるフェニルアラニンまたはチロシンに収斂的に進化していることがわかりました。また、統計的な解析からこのアミノ酸変異は正の選択圧を受けて、一次代謝のオルニチン脱炭酸酵素から基質特異性を拡張し、二次代謝にも関与するリシン／オルニチン脱炭酸酵素に進化していることも示されました。

119

コラム7　薬用植物クララとマトリン研究

近代薬学の黎明は、１８０４年頃のドイツの薬剤師ゼルチュルナーによる、生薬アヘンからの、その鎮痛作用の本体であるモルヒネの単離です。この研究によって、混合物である植物抽出物から、薬理活性の本体である単一の化学成分を単離し、その構造を決定し、類似の誘導体を化学合成して、薬として最も適する化合物を開発するという、現代まで繋がる医薬品開発の道筋が作られました。日本では、それから遅れること約80年後の１８８７年に、薬学者の長井長義博士が生薬麻黄《まおう》から交感神経刺激成分であるエフェドリンを単離しました。この業績が、日本の薬学の黎明といえます。

実は、同じく長井長義によって１８８９年に生薬苦参《くじん》から主要成分マトリン（図６・６）が単離されました。このマトリンなどのいわゆるキノリチジンアルカロイド（マメ科のルピナス（ハウチワマメ）属植物に含まれていることからルピン系アルカロイドとも呼ばれます）の構造決定などの化学的研究は、日本の薬学の発展と共に進められた重要な研究テーマでした。長井長義博士以来、その研究は綿々と継承され、筆者の恩師である奥田重信 東京大学名誉教授、村越 勇 千葉大学名誉教授らに引き継がれ、化学的研究から植物生理学的研究にまで拡大して継続されました。

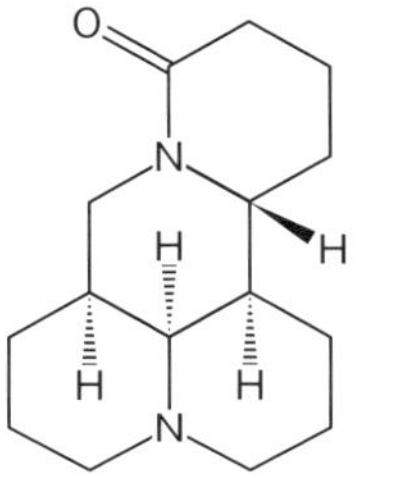

図６･６　生薬苦参に含まれる主要アルカロイドであるマトリンの構造

筆者らも、苦参の基原植物クララ (*Sophora flavescens*)

の組織培養によるマトリンの生産、アシル型キノリチジンアルカロイドの生合成に関わるアシル転移酵素、キノリチジンアルカロイド生合成の初発段階を触媒するリシン脱炭酸酵素などの遺伝子クローニング、バイオテクノロジーへの応用と、分子生物学にまで発展した研究を、研究室のテーマとして継続してきました。現在では、2.5 Gbと推定されるクララの全ゲノム配列解読も行っています。このように、長井長義以来１３０年以上の日本の薬学の歴史と共に歩んだ中心テーマの末端に関わり、ゲノム科学的なアプローチも取り入れて少しでも新しい展開に貢献できたことを嬉しく思います。

7　抗癌成分カンプトテシンの生産植物における自己耐性

現代の日本人の死因の約30％は癌（悪性新生物）によるものです。この癌治療に実際に臨床的に用いられている抗癌薬の中で、植物由来のものは４種あります。これらは、ニチニチソウから得られたビンカアルカロイド（ビンクリスチンとビンブラスチン）、イチイから得られたパクリタキセル、ポドフィルムから得られたポドフィロトキシン、キジュから得られたカンプトテシンです（図6・7）。

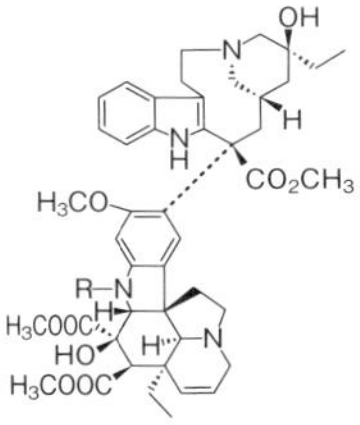

ビンカアルカロイド
ビンクリスチン　R ＝ CHO
ビンブラスチン　R ＝ CH_3

ニチニチソウから得られた二量化インドールアルカロイド

チューブリンの重合阻害による細胞分裂阻害

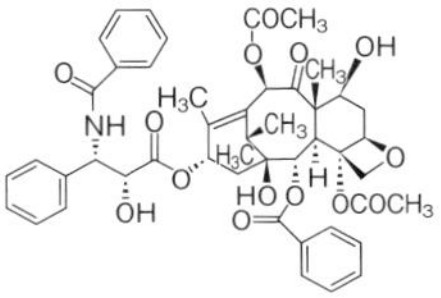

パクリタキセル（タキソール）

セイヨウイチイから得られたジテルペノイド

チューブリンの脱重合阻害による細胞分裂阻害

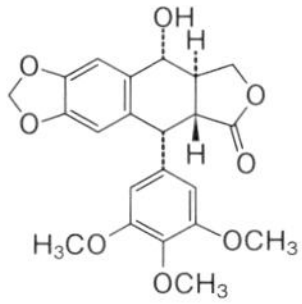

ポドフィロトキシン

ポドフィルムから得られたリグナン

DNAトポイソメラーゼⅡの阻害によるDNA複製阻害

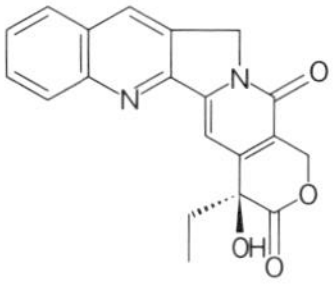

カンプトテシン

キジュから得られたキノリンアルカロイド
（生合成的にはモノテルペノイドインドールアルカロイド）

DNAトポイソメラーゼⅠの阻害によるDNA複製阻害

図6·7　臨床的に用いられている植物由来の4種の抗癌薬の構造、化合物群、含有植物および作用機序

これらの抗癌性植物成分の作用機序は、細胞分裂に必須なチューブリンタンパク質の重合阻害（ビンカアルカロイド）や脱重合阻害（パクリタキセル）による癌細胞の分裂阻害であったり、DNA複製に必須なDNAトポイソメラーゼⅡの阻害（ポドフィロトキシン）やDNAトポイソメラーゼⅠの阻害（カンプトテシン）による同じく癌細胞の分裂阻害です。

このように、抗癌薬はどのような細胞にも必須な、細胞分裂という生命の基本的機構を阻害します。

すると、このような抗癌性の成分を生産する植物自身は、どうして自ら作り出す毒性成分である細胞分裂阻害成分に耐性なのだろうか? という疑問が浮かんできます。この疑問に対する答えは、チャボイナモリ（口絵⑧）などのカンプトテシン生産植物での研究から得られました[67]。

毒性成分に対する自己耐性の機構としては、液胞や腺毛の蓄積空洞などに蓄えたり、細胞外に排出するなど、毒性成分を隔離して標的分子と接触しないようにする方法があります。しかし、カンプトテシンは、標的分子であるDNAトポイソメラーゼIが存在する核などの生産植物の細胞内にも分布しており、生産植物では、このような隔離戦略とは異なる方法で自己耐性となっていることが示唆されました。

そこで、カンプトテシン生産植物種からDNAトポイソメラーゼI遺伝子を単離し、その構造を通常の非生産植物のDNAトポイソメラーゼIと比較してみました。すると、生産植物の酵素では、DNA一本鎖の切断に関わる活性中心残基の隣のアミノ酸残基が、通常のアスパラギンからセリンに変異していました。さらに、この変異型酵素はDNAトポイソメラーゼI活性を保持しながら、なおかつカンプトテシンには耐性能を示しました。通常型の酵素では、反応の中間段階で片鎖が切断されたDNAと、それに活性中心アミノ酸を介して共有結合した酵素分子と、カンプトテシンの三者が複合体を形成してしまい、それ以上反応が進まなくなります。しかし、活性中心残基の隣のアミノ酸残基が、アスパラギンからより短い分子のセリンに変異することにより、本来カンプトテシンと酵素分子の間で形成される水素結合が形成できなくなるため、反応過程での阻害に関わる三者複合体を形成できず、そのためカンプトテシンの毒性が発揮されないのです。

また、現在までに調べた限り、異なるすべてのカンプトテシン生産植物種のDNAトポイソメラーゼIにおいて、同じ変異が見られました。このように、カンプトテシン生産植物のDNAトポイソメラーゼIの変異によるカンプトテシンに対する自己耐性能の獲得は、表裏一体の関係にあり、進化の過程で共進化した遺伝形質と考えられます[68]。

さらに興味深いことに、臨床の現場で得られた、カンプトテシンに対して耐性となったヒトの白血病細胞のDNAトポイソメラーゼIを調べたところ、カンプトテシン生産植物で見られた変異と全く同じ変異（活性中心残基の隣のアミノ酸残基アスパラギンのセリンへの変異）が見られたのです。このように、植物がカンプトテシンを作るように進化した時間に比べれば、ヒトの白血病細胞がカンプトテシンに接触した時間は極めて短時間であるにもかかわらず、全く同じ変異が起きていたことは、この変異が非常に重要で決定的なものであることを示唆しています。

124

7章　これからの課題と挑戦

前章までで、植物メタボロミクスや代謝科学についての概略や、現在の状況を理解頂けたかと思います。それぞれの植物について、その全遺伝情報であるゲノム配列が決定され、そこにコードされている遺伝子の機能が決定できれば、ゲノムの読み出しであり代謝的な表現型である、メタボロームまでを解読することが原理的に可能です。

このようなことは、筆者が大学生の頃には全く想像すらできませんでした。植物科学を含めた生命科学は、ゲノム時代に入って以来この20年に、本質的にそれ以前とは異なる進展が見られます。このような、いわば異次元の基礎科学の進歩のなかで、今後大きなイノベーションが期待できますし、社会からの大きな期待もあります。

本章では、この分野の今後の課題と挑戦について述べたいと思います。

1 植物バイオテクノロジーの進展

植物に含まれる有用物質をバイオテクノロジーで生産しようとする研究は、１９７０~80年代に、植物組織培養による二次代謝産物の生産研究として盛んになりました。その後、植物の遺伝子組換えが可能になると、トランスジェニック植物や細胞を用いた代謝制御の研究に移行していきました。その中で、最も代表的で商業的にも実用化された成果は、次に述べる遺伝子組換えを用いたアントシアニン生産の分子エンジニアリングによる、花色の改変です。

　花の色を決める主要な因子の一つは、花弁に含まれるフラボノイドの一種であるアントシアンの化学構造です。アントシアニジン（アントシアニンから糖がはずれたアグリコン）のＢ環についているヒドロキシ基が一つのペラルゴニジン型アントシアニンはオレンジ色、ヒドロキシ基が二つあるシアニジン型は赤色を呈し、ヒドロキシ基が三つあるデルフィニジン型では青色になります（図７・１）。バラやカーネーションには青色の花はありませんが、それはこれらの植物は、ヒドロキシ基が三つあるデルフィニジン型のアントシアニン色素を、もともと作れないからです。

　そこで、サントリーの研究者たちは、アントシアニジンのＢ環に三つ目のヒドロキシ基を導入できるシトクロムＰ４５０遺伝子を、青色の色素を生産できるペチュニアやパンジーから単離し、カーネーションやバラに導入しました。その結果、世界で初めて遺伝子組換えによる青い花のカーネーションやバラを作出し、商

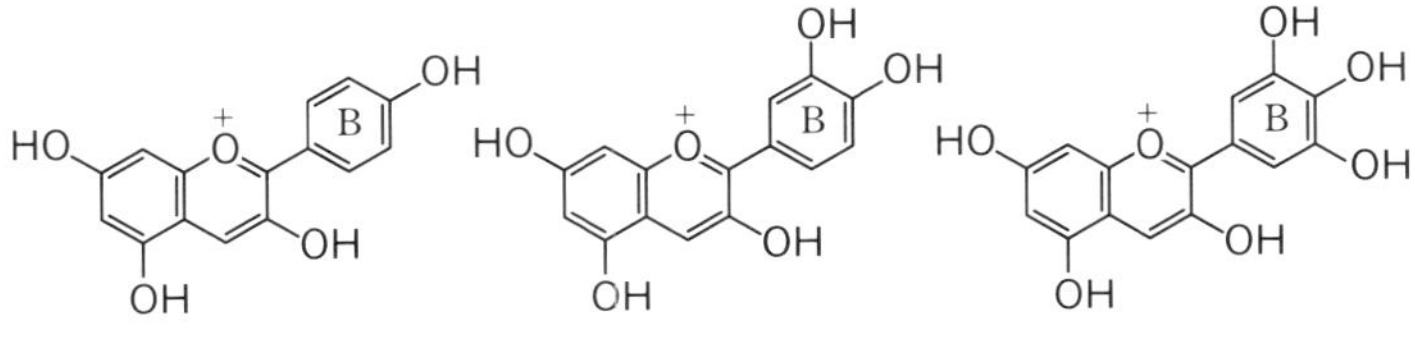

ペラルゴニジン（オレンジ色）　シアニジン（赤色）　デルフィニジン（青色）

図7･1　アントシアニジン（アントシアンのアグリコン）の化学構造とその色調

業化することができました。バラには青色を作る遺伝子がないので、従来の育種では青いバラを作ることは不可能です。そこで英語で「ブルーローズ（青いバラ）」という言葉は「かなわぬ夢」を意味していましたが、最先端のバイオテクノロジーを応用した代謝工学によって夢が実現できたのです。

2 ゲノム編集の実用化

このように遺伝子組換え技術は、他の生物由来の遺伝子を宿主植物に導入発現して、新しい形質を付与するには極めて優れた手法です。しかし、このような遺伝子組換え植物を材料にしたGMO食品は、様々な規制と社会的受容を得られなければ市場に出すことはできません。一方、様々な形質の突然変異体を人工的に交雑して、狙った形質を有する新たな品種を作出する従来育種は広く受け入れられています。

そこで最近は、ゲノム編集という、狙った突然変異だけを正確に引き起こすことができる手法が使われ始めました[69]。この新しい手法では、遺伝子組換えのように外来遺伝子は導入されず、ゲノム上の必要な箇所にだけ突然変異を引き起こしますので、得られた品種は従来育種で得られた品種と区別できません。むしろ、基本的には狙った箇所以外には変異は起きないので、ゲノム上の多くの箇所に望まない変異が生じうる従来の突然変異を用いた育種よりも、安全で優れた育種手法とも言えます。従って、従来育種が遠くからダーツの矢をたくさん投げて、ダーツボードの的を射る状況に比べ、ゲノム編集は、ダーツボードまで歩いて行って、正確に的の中心だけを射るというようにたとえることもできます。

ゲノム編集の具体的な手法としては、TALENとCRISPR-Cas9（Clustered Regularly Interspaced Short Palindromic Repeats - CRISPR associated protein 9）という方法が主に使われています。いずれもゲノム上の特異的な塩基配列を、TALENではタンパク質で、CRISPR-Cas9ではRNAで認識して、そこをFok1またはCas9ヌクレアーゼによってゲノムDNAを切断することによって変異を誘発します（図7・2）。

ゲノム編集による植物代謝系の改変としては、すでに米国で上市されたオレイン酸含量が増加しトランス脂肪酸含量をほとんど無くしたダイズ油、筆者らのグループも参加して日本で開発されつつある毒性アルカロイドをほとんど無くしたジャガイモ、同じく日本で開発されつつあるGABA（γ-アミノ酪酸）含量が増えたトマトなどが挙げられます。GABAは「血圧が高めの方に適する」などの健康機能性が期待されています。このように作物の生産性だけではなく、消費者の健康に直接貢献できる形質を有する食品の開発に、ゲノム編集技術が使われ始めています。

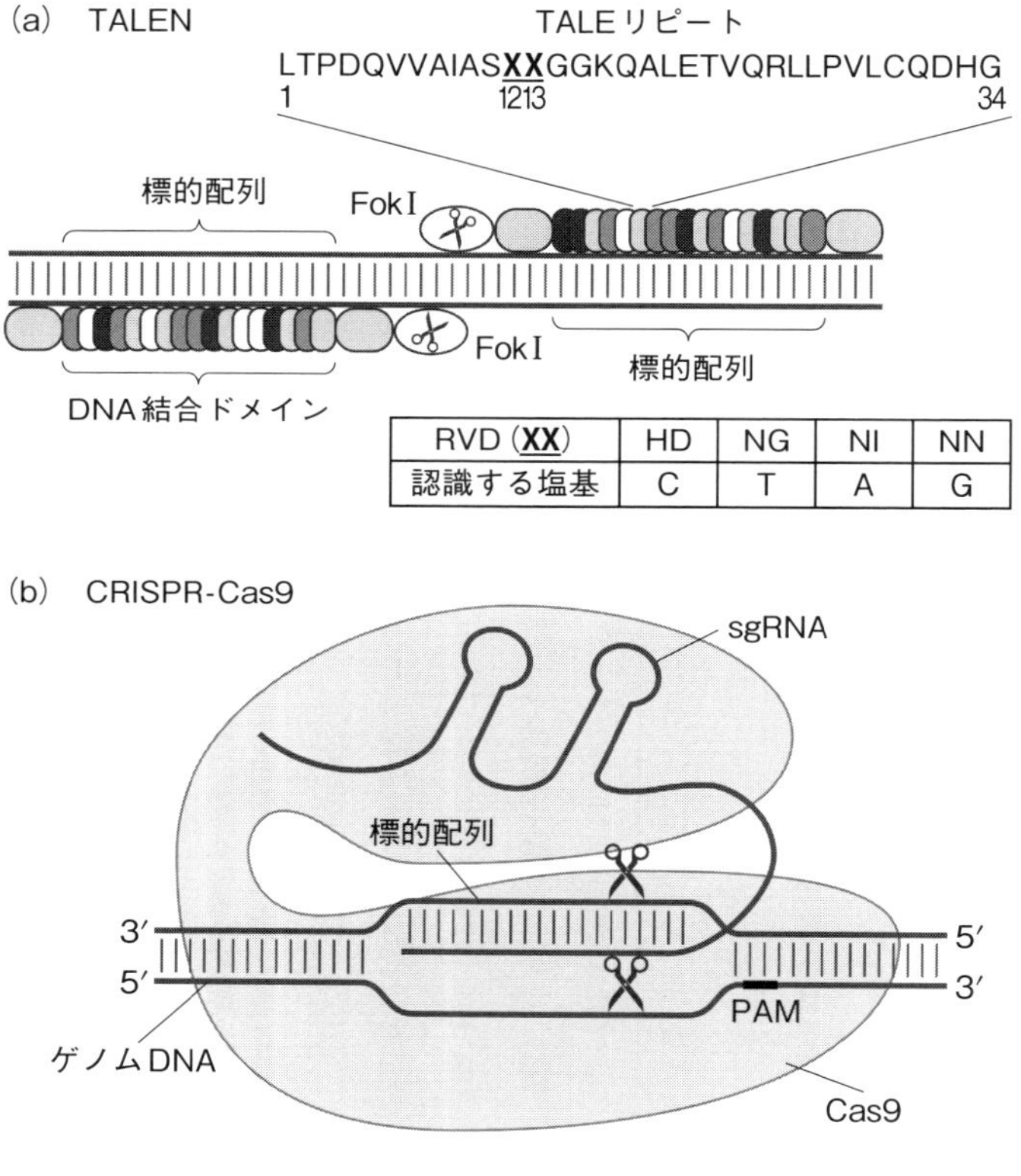

図 7·2　TALEN と CRISPR-Cas9 による DNA の切断

(a) TALE タンパク質の DNA 結合ドメインは、33 ～ 34 アミノ酸の繰り返し配列である TALE リピートからなり、各リピートの 12、13 番目のアミノ酸は RVD（repeat variable di-residue）と呼ばれ、結合する塩基を決定する。DNA 結合ドメインが認識する標的配列に挟まれた DNA 領域が、二量体 Fok I ヌクレアーゼによって二本鎖切断される。

(b) sgRNA（single guide RNA) とゲノム DNA 上の標的配列との間で塩基対が形成される。Cas9 タンパク質と sgRNA の複合体は、PAM（protospacer adjacent motif）に隣接する標的配列へと誘導され、Cas9 ヌクレアーゼがゲノム DNA を二本鎖切断する。([69] などを参考に作成。原図：林　剛生)

3　合成生物学へ

工学的な発想に基づいて、植物の代謝系を酵母や大腸菌などで人工的に再構築して、有用物質生産に応用しようとする合成生物学的な研究も進んでいます。有用成分の生合成系全体を異種生物内で再構築するためには、その経路に関わる酵素や輸送体の遺伝子がすべて明らかになっていることが必要です。さらに、すべての生合成酵素が生化学的に機能することはもちろん必要ですが、それに加えて、宿主生物で目的の生合成経路の前駆体が十分に供給され、最終産物が適切に生合成の系外や細胞の外に排出されて蓄積するなど、生合成系の入り口と出口についても、生産のボトルネックにならないように工夫する必要があります。

このような手法で、主要なフラボノイド数種を酵母で生産することに成功し、ケンフェロールやケルセチンなどを20~25 mg L^{-1}の生産性で作れるようになりました[70]。ケシの鎮痛性アルカロイドであるモルヒネ[71]や、キハダの主要アルカロイドのベルベリンなどの前駆体である(S)-レチクリン[72]のようなチロシンに由来するアルカロイドの生産が、酵母や大腸菌など微生物細胞を用いて可能になっています。

また、クソニンジンという植物から得られたセスキテルペノイド（3ユニットのイソプレン骨格からなる炭素15個の化合物）の一種で、抗マラリア薬として有名なアルテミシニンという化合物を、酵母での合成生物学的な手法と化学変換を組み合わせて、効率的に作る道が拓けています。アルテミシニンの生合成に必要な数個の遺伝子をクソニンジンから単離して、これらの遺伝子を酵母で発現することにより、アルテミシニン生合成の一歩手前のアルテミシニン酸までを25 g L^{-1}という高い収量で合成生物学的に作ることに成功しました［73］。アルテミシニン酸を化学的に酸化して、目的産物であるアルテミシニンを作ることができます。

セスキテルペノイドよりも、より複雑な6ユニットのイソプレン重合体である炭素30個のトリテルペノイドの合成生物学研究も進んでいます。すでに前章で、甘草の主要サポニンであるグリチルリチンの生合成遺伝子の同定と、それを用いた合成生物学的な生産について説明しました。

サポニンは、炭素30個のトリテルペノイド骨格に由来する疎水性のアグリコン部分と、その基本骨格に親水性の糖残基やアシル基が付加された構造でできています。非常に多数の天然サポニンが報告されていますが、この構造多様性は、アグリコン構造の多様性と、それらの修飾構造の多様性が掛け合わさったことによるものです。従って、合成生物学的に複数のアグリコン合成系と、複数の修飾系を組み合わせることができれば、非常に多様な構造のサポニンを一挙に作ることが可能になるはずです。このように、いわば「コンビナトリアル」生合成プラットホームという考えでの研究も進んでいます［74］。このようなプラットホームによって、新規な構造と活性を有する「非天然天然化合物」を生み出すことが可能です。

特に、最近は次世代、次々世代のギガシークエンサー開発によって、DNA塩基配列決定が安価にできるようになったおかげで、多くの生物のゲノムやトランスクリプトームに関する大量データが生み出されています。このように、世界中に眠っている大規模なデータを使って、AI（Artificial Intelligence：人工知能）が人間の能力以上の科学的推論や予測をすることができるようになってきました。このようなAIを使ったシステム生物学的なアプローチによって、新たな有用化合物の代謝経路を設計したり、代謝反応を触媒する酵素タンパク質を設計することが夢ではなくなってきたのです［75］。

4　植物は地球の「精密化学工場」

植物は、太陽エネルギーを使って、空気中の二酸化炭素と土壌からの水や無機成分だけから、地球を汚さずむしろ浄化しながら、私たちの生活を支える食料や医薬品、エネルギーの元になる物質を作り出すいわば「精密化学工場」です。

地球と私たちの未来のためには、この本来植物が有する能力を理解し、最大限活用することが重要です。イギリスのキュー王立植物園の調査によると、地球上には植物種は約39万種あると推定されますが、そのうち人類がなんらかの目的で利用した記録のあるものは3万種であり（そ

表7·1　数字で見る世界の植物の現状（引用文献［76］から抜粋）

項　目	植物種数
科学的に知られている維管束植物種の推定数	391,000
2015年に発見された新植物種	2,034
2016年に発見された新植物種	1,730
2016年までに全ゲノム配列が決定された植物種	225
文献的な利用の記載がある植物種	31,128
医薬品として使われた植物種	28,187 （少なくとも）

の中で、薬としての利用実績が最も多くの植物種で記載されています）、そのうちまだ約２００種の植物種しかゲノム配列が報告されていません（表7・1）[76]。

このように、植物の生き様と潜在的な能力に関する私たちの理解は、まだ極めて不十分です。従って、まず根源的なゲノムレベルから植物を理解することが重要な課題です。さらに、今後はこれまでに述べたゲノム編集や合成生物学などの最先端技術を使って、現生の植物が本来的にもっている能力を最大限引き出し、さらにそれを超える機能を付与したり、その能力を部分的に切り出して、目的に合わせて最適化することが可能になってきています。長い歴史の審判に耐えて進化してきた植物を始めとして、地球上の多様な生命体の知恵を借りて、それを地球と人類のために役立てることが今後必要となります。

5　プラネタリー・バウンダリーとSDGsへの挑戦

地球上の人口は有史以来緩やかに増加してきましたが、この100年弱で急激に増加し、20世紀が始まった頃の16億人から現在70億人を超え、現在は毎日20万人ずつ増加しています。今世紀中には100億人に達するだろうと言われています。

このように、爆発的な人口増加に伴う人類の活動が、ある境界（バウンダリー）を超えてしまった後には、地球環境システムが元には戻れない「不可逆的かつ急激な環境変化」を評価する概念として「プラネタリー・バウンダリー（地球の限界）」という考え方があります[77]。10項目の環境変化についての評価が試みられていますが、その中ですでに安全な領域を超えて、後戻りできない高リスク項目として、生物の遺伝的多様性の喪失、生物環境への窒素・リンなどの化学的漏出などが挙げられています。また、リスクが増大している危険項目として、気候変動や土地利用の変化などが指摘されています。

このような、「プラネタリー・バウンダリー」の考え方に基づいて、2015年に国際連合が「持続的な開発のための2030年アジェンダ（Sustainable Development Goals：SDGs、持続可能な開発目標）」を設定しました。これは未来の地球と人類のために、持続可能な開発を行い、人類が共存できる社会を作るための、17個の具体的な目標を定めたものです（表7・2）。こ

表 7·2　17 項目の持続的な開発のための 2030 年アジェンダ（Sustainable Development Goals：SDGs、持続可能な開発目標）

番号	項　目	番号	項　目
1	貧困をなくそう	10	人や国の不平等をなくそう
2	飢餓をゼロに	11	住み続けられるまちづくりを
3	すべての人に健康と福祉を	12	つくる責任 つかう責任
4	質の高い教育をみんなに	13	気候変動に具体的な対策を
5	ジェンダー平等を実現しよう	14	海の豊かさを守ろう
6	安全な水とトイレを世界中に	15	陸の豊かさも守ろう
7	エネルギーをみんなに そしてクリーンに	16	平和と公正をすべての人に
8	働きがいも経済成長も	17	パートナーシップで目標を達成しよう
9	産業と技術革新の基盤をつくろう		

国際連合広報センターのウェブサイト <https://www.unic.or.jp/> を参考に作成。

の２０３０年アジェンダ（ＳＤＧｓ）の前には、２０００年に設定されたミレニアム開発目標（ＭＤＧｓ）「持続可能な開発に関する２０１５年目標」がありましたが、ＭＤＧｓに比較してＳＤＧｓでは環境的側面が大幅に増加しました。日本をはじめ世界各国や地域など国際社会が賛同し、政府機関に止まらず官民団体や民間会社も、それぞれどの目標に貢献できるかを、組織の社会的責任として掲げています。

　この17個のＳＤＧｓの実現に向けては、実は植物科学が貢献できる項目が多くあります。具体的には17目標のうち、②飢餓をゼロに、③すべての人に健康と福祉を、⑦エネルギーをみんなにそしてクリーンに、⑬気候変動に具体的な対策を、⑮陸の豊かさも守ろう、の少なくとも5項目に貢献できます。つまり、地球上の植物の遺伝的多様性を大切にしながら、そのゲノムに秘められた能力を解明して、最大限に引き出し、食料増産や医薬品の生産、二酸化炭素のゼロエミッションに繋がるバイオマスエネルギー生産、二酸化炭素の吸収と資源化、気候変動による劣悪環境に対する耐性作物、環境負荷の少ない低肥料での成育可能な作物、などを実現することが植物科学からのＳＤＧｓへの大きな貢献になります。

このように地球規模で持続的に開発と発展をすることが、人類のすべての個人の幸福追求の基礎になります。しかし、その過程では世代間や地域間の利益衝突が生じる場面があり、それをマネージする必要性も理解しないといけません。例えば、地球温暖化を止めるための目標設定の議論には、世代間の利益衝突があります。このマネージメントのためには、大きな意思決定に関わっているシニア世代の人だけではなく、若い次世代の人を入れた意思決定をしないと公正ではないでしょう。

また、多様な生物の遺伝資源を利用する際には、遺伝資源の利用から生じる利益について遺伝資源提供国（主に開発途上国）とその利用国（主に日本などの先進国）の間で、公正かつ衡平な利益配分が求められます。そのために、２０１０年に名古屋で開催された生物多様性条約に関する国際会議で、「名古屋議定書」という国際文書が採択されました。これは遺伝資源提供国とその利用国の間の、公正かつ衡平な利益配分の他に、地球上の生物多様性の保全を図るという目的もあります。

このように多くの課題があるにしても、地球の「精密化学工場」である植物が、地球と人類の未来を担っていることに変わりはありません。今後、植物科学研究は、私たち人類の存続と未来の幸福に向けて、ますますその重要性が増加していくでしょう。

おわりに

「先生の研究はいいですよね……植物がいなければ人間は生きていけないのですから……」

退屈な入試監督業務の休憩時間に、机を挟んで座っておられたN教授がポツリと言われました。N教授の専門は私とは全く異なる物理化学でしたが、定年退職の日まで、自ら試験管を持って早朝から実験をされ、純粋に科学を愛しておられる姿が印象的な先生でした。究極にまで非人間性が要求される入試監督業務の合間に、何気なくもらされたこのN教授の言葉は、それ以来、私に確信に満ちた大きな力を与えました。そして、植物科学の研究をさらに前に進める固い信念と、同時に、その思いを若い学生や研究者の卵の皆様、一般の多くの方々にも広く知って頂きたいという気持ちを強くしました。

私はいつも、物言わぬ植物のもつ力に圧倒されています。この植物への尊敬の念は植物科学を学ぶにつれて強まってきました。

7章にも書きましたが、現在待ったなしで迫っている人類の生存に関わるプラネタリー・バウンダリー（地球の限界）を克服する鍵の一つが植物科学であることは明白です。植物科学の進展によるＳＤＧｓ（持続可能な開発目標）の実現は、政治的なお題目ではなく、真に私たち人類と地球の存続に不可欠です。

私たち植物科学研究者には大きな期待が寄せられていると同時に、未来の人類と地球のために重大な責任を負っています。

このような私個人の植物への熱い思いもあり、2017年2月に一般向けに『植物はなぜ薬を作るのか』を上梓しました[78]。幸い、この新書本は一般の方々だけではなく専門研究者の方々にも広く読まれ増刷を重ねました。しかし、この前書では一般向けに分かりやすくという点に重きを置いたので、私の専門であるメタボロミクスやそれを応用した植物のゲノム機能科学については、詳しく述べることができませんでした。

このように、前書の出版後に、若い研究者や研究者の卵むけにもう少し専門的な書籍を書きたいというフラストレーションを感じていた折りに、本シリーズの編集委員の長田敏行先生からお誘いがあり、約1年半前から本書の執筆にとりかかりました。従って、本書ははじめに述べたように理科系の大学一年生から大学院生、高校などの理科の先生、科学に興味があったり理科系の職業に就いている一般の方々など、前書の読者層よりも専門性の高い層を想定しています。とはいえ、同じようなテーマを扱っている前書と部分的な重複があることはご容赦ください。

また、私自身も2020年（令和2年）3月をもって、35年勤務することになる千葉大学を定年退職するタイミングでもあります。そこで、この機に最近20～25年の研究を振り返って、次世代の中堅・若手研究者に受け継いでほしいという気持ちも強く、本書執筆の動機にもなりました。

本書を書き終えるにあたり、千葉大学および理化学研究所の研究室の同僚や旧在籍者、若い研究室員、写真や図版を提供してくださった皆様に感謝申し上げます。本書に記載された筆者らの研究成果は、すべてこれらの研究室の皆様との共同研究や議論を通して成し遂げられたものです。また、本書の記述の一部は、参考文献や巻末に示した筆者と共同研究者らの原著論文、日本語総説、プレスリリースなどを参考に致しました。改めて、これまでの国内外の共同研究者や大学・研究機関の関係者の皆様にお礼申し上げます。

本書の執筆の機会を与えて頂きました長田敏行先生、および辛抱強く原稿を推敲して頂きました裳華房の野田昌宏氏はじめ編集担当者の方々に感謝申し上げます。最後に、これまで私を支えてくれました家族に感謝いたします。

２０１９年（令和元年）晩秋

斉藤和季

PAM：Protospacer Adjacent Motif（プロトスペーサー隣接モチーフ）
PAPS：3'-Phosphoadenosine-5'-phosphosulfate（3'- ホスホアデノシン -5'- ホスホ硫酸）
PCA：Principal Component Analysis（主成分分析）
QTL：Quantitative Trait Locus（量的形質遺伝子座）
RVD：Repeat Variable Di-residue
SDGs：Sustainable Development Goals（持続可能な開発目標）
sgRNA：Single Guide RNA（一本鎖ガイド RNA）
SNP：Single Nucleotide Polymorphism（一塩基多型）
SOM：Self-Organizing Mapping（自己組織化マッピング）
TALEN：Transcription Activator-Like Effector Nuclease

略 語 表

AI：Artificial Intelligence（人工知能）
BL-SOM：Batch-Learning Self-Organizing Map（バッチラーニング自己組織化マップ）
CE：Capillary Electrophoresis（キャピラリー電気泳動）
CRISPR-Cas9：Clustered Regularly Interspaced Short Palindromic Repeats-CRISPR associated protein 9
FT-ICR-MS：Fourier Transfom Ion Cyclotron Resonance Mass Spectrometer（フーリエ変換イオンサイクロトロン共鳴質量分析計）
GC：Gas Chromatograph（ガスクロマトグラフ）
GMO：Genetically Modified Organism（遺伝子組換え作物）
GWAS：Genome-Wide Association Study（ゲノムワイド関連解析）
HCA：Hierarchical Cluster Analysis（階層的クラスタリング）
HIL1：Heat Inducible Lipase 1（高温ストレス誘導性リパーゼ）
HMDB：The Human Metabolome Database（ヒトメタボロームデータベース）
HPLC：High Performance Liquid Chromatography（高速液体クロマトグラフィー）
ICP-MS：Inductively Coupled Plasma-Mass Spectrometry（誘導結合プラズマ質量分析）
LC：Liquid Chromatograph（液体クロマトグラフ）
LDC：Lysine Decarboxylase（リシン脱炭酸酵素）
MDGs：Millennium Development Goals（ミレニアム開発目標）
mGWAS：Metabolome-Genome-Wide Association Study（メタボロームゲノムワイド関連解析）
MS：Mass Spectrometry（質量分析計）
NMR：Nuclear Magnetic Resonance（核磁気共鳴分光計）
O2PLS：Two-way Orthogonal Partial Least Squares
OPLS-DA：Orthogonal Partial Least Squares-Discrimination Analysis（直交部分最小二乗法 - 判別分析）

ウィキペディア https://ja.wikipedia.org/wiki/
国際メタボロミクス学会　http://metabolomicssociety.org/
KNApSAcK http://kanaya.naist.jp/knapsack_jsp/top.html
TAIR https://www.arabidopsis.org/
日本植物生理学会　みんなのひろば http://jspp.org/hiroba/q_and_a/
日本植物細胞分子生物学会　http://www.jspcmb.jp/index.html
植物科学への誘い　http://www.jspcmb.jp/PSP/index.html
日本薬学会　薬学用語解説　https://www.pharm.or.jp/dictionary/wiki.cgi

59. Mochida, K. *et al.* (2017) Plant J., **89**: 181-194.
60. 河合洋介ら（2016）化学と生物 , **54**(9): 640-649.
61. Jiang, N. *et al.* (2016) Plants, **5**: 27.
62. Yoshimoto, N. *et al.* (2015) Plant J., **83**: 941-951.
63. Suzuki, H. *et al.* (1994) J. Biol. Chem., **269**: 15853-15860.
64. Okada, T. *et al.* (2005) Plant Cell Physiol., **46**: 233-244.
65. Bunsupa, S. *et al.* (2012) Plant Cell, **24**: 1202-1216.
66. Bunsupa, S. *et al.* (2016) Plant Physiol., **171**: 2432-2444.
67. Sirikantaramas, S. *et al.* (2008) Proc. Natl. Acad. Sci. USA, **105**: 6782-6786.
68. Sirikantaramas, S. *et al.* (2014) "Natural Products: Discourse, Diversity, and Design" Wiley-Blackwell, Oxford. p.67-82.
69. 山本 卓 編（2016）『ゲノム編集入門 : ZFN・TALEN・CRISPR-Cas9』裳華房 .
70. Rodriguez, A. *et al.* (2017) Bioresource Technology, **245**: 1645-1654.
71. Galanie, S. *et al.* (2015) Science, **349**: 1095-1100.
72. Nakagawa, A. *et al.* (2011) Nat. Comm., **2**: 326.
73. Paddon, C.J. *et al.* (2013) Nature, **496**: 528.
74. Reed, J. *et al.* (2017) Metab. Eng., **42**: 185-193.
75. Rai, A. *et al.* (2019) Curr. Opin. Syst. Biol., **15**: 58-67.
76. Royal Botanical Gardens, Kew. (2016, 2017) “States of the World's Plants”.
77. ロックストローム , J., クルム , M. (2018)『小さな地球の大きな世界 プラネタリー・バウンダリーと持続可能な開発』丸善出版 .
78. 斉藤和季（2017）『植物はなぜ薬を作るのか』文藝春秋 .

上記以外で参考にした主なウェブサイト

著者らの研究成果に関する以下の研究機関からのプレスリリース記事
千葉大学　http://www.chiba-u.ac.jp/
理化学研究所　http://www.riken.jp/
科学技術振興機構　http://www.jst.go.jp/

27. Bais, P. *et al.* (2010) Plant Physiol., **152**: 1807.
28. Wurtele, E.S. *et al.* (2012) Metabolites, **2**: 1031-1059.
29. 草野 都・斉藤和季（2005）化学と生物 , **43**(2): 101-108.
30. 松田史生ら（2007）化学と生物 , **45**(12): 834-842.
31. Thimm, O. *et al.* (2004) Plant J., **37**: 914-939.
32. Tokimatsu, T. *et al.* (2005) Plant Physiol., **138**: 1289-1300.
33. Saito, K. (2004) Plant Physiol., **136**: 2443-2450.
34. Hirai, M.Y. *et al.* (2004) Proc. Natl. Acad. Sci. USA, **101**: 10205-10210.
35. Hirai, M.Y. *et al.* (2005) J. Biol. Chem., **280**: 25590-25595.
36. Hirai, M.Y. *et al.* (2007) Proc. Natl. Acad. Sci. USA, **104**: 6478-6483.
37. Tohge, T. *et al.* (2005) Plant J., **42**: 218-235.
38. 榊原圭子・斉藤和季（2014）実験医学 , **32**(8): 1223-1227.
39. Saito, K. *et al.* (2013) Plant Physiol. Biochem., **72**: 21-34.
40. Yonekura-Sakakibara, K. *et al.* (2008) Plant Cell, **20**: 2160-2176.
41. Saito, K. *et al.* (2008) Trends Plant Sci., **13**: 36-43.
42. Tohge, T. *et al.* (2016) Nat. Comm., **7**: 12399.
43. Buchanan, B.B. *et al.* (2000) "Biochemistry and Molecular Biolgy of Plants" American Society of Plant Biologists.
44. Okazaki, Y. *et al.* (2013) Nat. Comm., **4**: 1510.
45. 岡咲洋三・斉藤和季（2014）化学と生物 , **52**(3): 145-147.
46. Higashi, Y. *et al.* (2015) Sci. Rep., **5**: 10533.
47. Higashi, Y. *et al.* (2018) Plant Cell, **30**: 1887-1905.
48. 中林 亮ら（2014）化学と生物 , **52**(5): 313-320.
49. Rai, A. *et al.* (2017) Plant J., **90**(4): 764-787.
50. Matsuda, F. *et al.* (2012) Plant J., **70**: 624-636.
51. 松田史生ら（2013）化学と生物 , **51**(12): 792-794.
52. Matsuda, F. *et al.* (2015) Plant J., **81**: 13-23.
53. Kusano, M. *et al.* (2011) PLoS ONE, **6**: e16989.
54. Kusano, M. *et al.* (2015) Metabolomics, **11**: 261-270.
55. Sawai, S. *et al.* (2014) Plant Cell, **26**: 3763-3774.
56. Knoch, E. *et al.* (2018) Proc. Natl. Acad. Sci. USA, **115**: E8096-E8103.
57. Seki, H. *et al.* (2011) Plant Cell, **23**: 4112-4123.
58. 澤井 学ら（2011）バイオインダストリー , **28**(12): 6-12.

引用文献

1. Nakabayashi, R. *et al.* (2009) Phytochemistry, **70**: 1017-1029.
2. Yang, Z. *et al.* (2014) Metabolomics, **10**: 543-555.
3. Romero, P. *et al.* (2004) Genome Biol., **6**: R2.
4. Afendi, F.M. *et al.* (2012) Plant Cell Physiol., **53**: e1.
5. Cordell, D. *et al.* (2009) Global Environ. Change, **19**: 292-305.
6. 水谷正治ら（2018）『基礎から学ぶ植物代謝生化学』羊土社 .
7. Lesk, C. *et al.* (2016) Nature, **529**: 84.
8. Nakabayashi, R. *et al.* (2014) Plant J., **77**: 367-379.
9. Nelson, D.R. *et al.* (2004) Plant Physiol., **135**: 756-772.
10. D'Auria, J.C., Gershenzon, J. (2005) Curr. Opin. Plant Biol., **8**: 308-316.
11. TAIR. *Arabidopsis* Gene Family Information. [cited 2018; Available from: https://www.arabidopsis.org/browse/genefamily/index.jsp]
12. 齊藤和季 (2018) Yakugaku Zasshi, **138**: 1-18.
13. Saito, K., Matsuda, F. (2010) Annu. Rev. Plant Biol., **61**: 463-489.
14. Sumner, L.W. *et al.* (2015) Nat. Prod. Rep., **32**: 212-229.
15. 斉藤和季（2007）ファルマシア , **43**(7): 691-696.
16. Hall, R.D. (2006) New Phytologist, **169**: 453-468.
17. Kusano, M. *et al.* (2011) J. Exp. Bot., **62**: 1439-1453.
18. 松田史生ら（2007）化学と生物 , **45**(11): 754-760.
19. 草野 都ら（2007）『細胞工学別冊　最新プロテオミクス・メタボロミクス』丹羽利充 監修 , 秀潤社 , p.146-156.
20. 福崎英一郎（2008）『メタボロミクスの先端技術と応用』シーエムシー出版 .
21. Saito, K. *et al.* eds. (2006) “Plant Metabolomics” Springer, Berlin.
22. RIKEN PRIMe. Available from: http://prime.psc.riken.jp/.
23. ESI 友の会 . Available from: https://sites.google.com/site/esitomonokai/.
24. Horai, H. *et al.* (2010) J. Mass Spectrom., **45**: 703-714.
25. Tsugawa, H. *et al.* (2016) Anal. Chem., **88**: 7946-7958.
26. Tsugawa, H. *et al.* (2019) Nature Methods, **16**: 295-298.

ラ　行

ワ　行

マ　行

ヤ　行

ナ　行

ハ　行

サ　行

タ　行

カ　行

ア 行

索　引

記号・数字

欧　文

著者略歴

斉《さい》藤《とう》和《かず》季《き》

1954年　長野県生まれ
1977年　東京大学薬学部製薬化学科卒業．同大学院薬学系研究科に進学
1982年　薬学博士号取得
現　在　千葉大学大学院薬学研究院教授，同大学植物分子科学研究センターセンター長，理化学研究所環境資源科学研究センター副センター長

紫綬褒章，文部科学大臣表彰科学技術賞，日本薬学会賞，日本生薬学会賞，日本植物生理学会賞，日本植物細胞分子生物学会学術賞，国際メタボロミクス学会終身名誉フェロー，Highly Cited Researcher（クラリベイト・アナリティクス社）などを受賞．

シリーズ・生命の神秘と不思議

植物メタボロミクス—ゲノムから解読する植物化学成分—

2019年 12月 20日　第1版1刷発行

著作者		斉　藤　和　季
発行者		吉　野　和　浩
発行所		東京都千代田区四番町8-1 電　話　03-3262-9166（代） 郵便番号 102-0081
	株式会社	裳　華　房
印刷所	株式会社	真　興　社
製本所	株式会社	松　岳　社

検印省略

定価はカバーに表示してあります．

一般社団法人
自然科学書協会会員

ISBN 978-4-7853-5129-8

シリーズ・生命の神秘と不思議

各四六判

地球上には、生命現象の神秘と不思議が溢れています。多くの人々、とりわけ若い方々に、これらの不思議を知ってもらうことにより、生命科学への興味を持っていただくきっかけになればと思い、本シリーズは企画されました。

現代のゲノム科学を中心とした、生命科学の統一性を追求する姿勢は重要であり、モデル生物を用いた研究が一般的に行われています。しかし、一方では単一像をもたらすことは、生命の実像から遠ざかることにもなりかねません。この点、進化の産物である生命体の多様性の理解は、生命体のより根源的な理解へと導いてくれるものと信じています。

本シリーズを通して、生命現象の神秘と不思議を、一般の人にやさしく解説した本をつくりたいと思っています。

花のルーツを探る －被子植物の化石－
髙橋正道 著　194 頁／定価（本体 1500 円＋税）

お酒のはなし －お酒は料理を美味しくする－
吉澤　淑 著　192 頁／定価（本体 1500 円＋税）

メンデルの軌跡を訪ねる旅
長田敏行 著　194 頁／定価（本体 1500 円＋税）

海のクワガタ採集記 －昆虫少年が海へ－
太田悠造 著　160 頁／定価（本体 1500 円＋税）

プラナリアたちの巧みな生殖戦略
小林一也・関井清乃 共著　180 頁／定価（本体 1400 円＋税）

進化には生体膜が必要だった －膜がもたらした生物進化の奇跡－
佐藤　健 著　192 頁／定価（本体 1500 円＋税）

行動や性格の遺伝子を探す －マウスの行動遺伝学入門－
小出　剛 著　188 頁／定価（本体 1600 円＋税）

昆虫たちのすごい筋肉 －1 秒に 1000 回羽ばたく虫もいる－
岩本裕之 著　184 頁／定価（本体 1400 円＋税）